RAL · NEU 研究报告　No. 0015

中厚板平面形状控制模型研究与工业实践

轧制技术及连轧自动化国家重点实验室
（东北大学）

U0319776

北　京
冶金工业出版社
2015

内 容 简 介

本书详细地介绍了东北大学轧制技术及连轧自动化国家重点实验室自主研发的中厚板平面形状控制模型与自动化控制系统及其工业实践；简述了平面形状控制技术的发展及研究现状，基于有限元数值模拟建立了高精度平面形状预测和控制数学模型，开发了轧件微跟踪、轧件长度预测、宽度补偿以及高精度厚度控制模型，搭建了多进程过程控制支撑平台，改造了轧机液压压下系统以满足平面形状控制高速、高精度动态变厚度控制要求，设计开发了中厚板轧机自动化控制系统，并在国内某中厚板生产线投入工业化应用，大幅度提高了中厚板产品成材率。

本书可供从事冶金自动化或金属塑性成型专业的科研人员及工程技术人员阅读与参考。

图书在版编目(CIP)数据

中厚板平面形状控制模型研究与工业实践/轧制技术及连轧自动化国家重点实验室(东北大学)著 . —北京：冶金工业出版社，2015.10
（RAL·NEU 研究报告）
ISBN 978-7-5024-7022-7

Ⅰ.①中… Ⅱ.①轧… Ⅲ.①中板轧制—研究 ②厚板轧制—研究 Ⅳ.①TG335.5

中国版本图书馆 CIP 数据核字(2015) 第 233275 号

出 版 人 谭学余
地 址 北京市东城区嵩祝院北巷 39 号 邮编 100009 电话 (010)64027926
网 址 www.cnmip.com.cn 电子信箱 yjcbs@cnmip.com.cn
策 划 任静波 责任编辑 李培禄 卢 敏 美术编辑 彭子赫
版式设计 孙跃红 责任校对 卿文春 责任印制 牛晓波
ISBN 978-7-5024-7022-7
冶金工业出版社出版发行；各地新华书店经销；三河市双峰印刷装订有限公司印刷
2015 年 10 月第 1 版，2015 年 10 月第 1 次印刷
169mm×239mm；8.75 印张；137 千字；124 页
52.00 元
冶金工业出版社 投稿电话 (010)64027932 投稿信箱 tougao@cnmip.com.cn
冶金工业出版社营销中心 电话 (010)64044283 传真 (010)64027893
冶金书店 地址 北京市东四西大街 46 号(100010) 电话 (010)65289081(兼传真)
冶金工业出版社天猫旗舰店 yjgycbs.tmall.com
（本书如有印装质量问题，本社营销中心负责退换）

研究项目概述

1. 研究项目背景与立题依据

　　钢铁是不可再生资源，钢铁生产是高耗能产业。为了可持续发展和科学发展，国家提出并积极推动开发新一代可循环钢铁流程工艺。新一代可循环钢铁流程以开发研究缩短工艺流程、加快生产节奏、实现连续化生产、大幅度提高生产效率为中心，以资源高效利用和循环利用为核心，以"减量化、再利用、资源化"为原则。中厚钢板是国民经济发展所必需的重要钢铁材料，被广泛应用于大直径输送管线、压力容器、船舶、桥梁、锅炉、海洋构件、建筑等领域，开发减量化、节约型产品和轧制工艺是必要的，也是紧迫的。随着我国工业的发展，中厚板的生产已从单纯的追求产量转变到重视产品质量、降低成本与能源和原材料消耗上来，提高成材率就是为了达到这个目的而采取的一种重要手段。在中厚板生产中，平面形状不良是影响产品成材率的主要原因，采用平面形状控制技术，是使产品矩形化、减小轧件的切头尾和切边损失、提高成材率的有效方法。

　　平面形状控制技术是提高中厚板成材率非常有效的手段。20 世纪 70 年代以来日本轧钢工作者首先对轧制过程中的中厚板平面形状控制方法进行了广泛研究，并取得了很好的应用效果。通过在中间变形道次进行板坯变厚度轧制以及利用附设的立辊轧机，川崎制铁、住友金属、日本钢管等著名钢铁企业相继开发出各种平面形状控制轧制技术，如厚边展宽轧制法（Mizushima Automatic Plan View Pattern Control System，简称为 MAS 轧制法）、"狗骨"轧制法（Dog Bone Rolling，简称为 DBR 轧制法）、差厚展宽轧制法、立辊轧边法，以及将 MAS 轧制法加以变动和组合，派生出的不等宽轧制法、圆形轧制法、锥形轧制法、无切边（Trimming Free Plate）轧制等多种控制方法。这些方法虽然应用原理和变形特点不同，但均可以达到控制钢板平面形状的目的，有效地提高了中厚板成材率。通过应用这些先进的轧制方法，日本中厚板的平均成材率由 20 世纪 70 年代的 80.4% 提高到 80 年代的 91.5%，而目前已稳定在 94% 以上。国内研究人员从 20 世纪 80 年代开始跟踪该技术，并开展研究工作，但国内中厚板轧机在该技术的应用方面仍然存在很多问题，如理论研究和实际应用脱节、高精度的轧机自动化控制系统尚未实现自主集成以及钢铁生产厂追求产量规模效益忽视质量效益等原因一直未取得实质性进展。随着高精度轧机自动化控制系统实现自主集成，特别是国内外钢铁形势的变化，目前中厚板市场发生了很大变化，产量严重过剩，各企业对生产成本和成材率的要求超过了对产量的渴求，平面形状控制技术在国内的应用已经具备了技术基础条件和主观需求条件。东北大学轧制技术及连轧自动化国家重点实验室（简称 RAL）中厚板项目组在中厚板轧机自动化控制系统开发过程中，对该技术进行了深入的研究和探索，在国内率先实现了该技术的在线应用，并通过多年工作，对该技术的现场应用不断完善。

福建三钢 3000mm 中板厂与东北大学 RAL 国家重点实验室保持着长期友好的合作伙伴关系，经过一期单机架两级自动化控制系统开发项目及二期双机架两级自动化控制系统开发项目，东北大学 RAL 中厚板项目组调试人员对福建三钢 3000mm 中板厂生产实际与设备运行状况掌握较为透彻，为实现平面形状控制技术在该现场应用奠定了良好的基础条件。

2. 研究进展与成果

结合福建三钢 3000mm 中板厂生产实际，对前期平面形状控制理论研究方面的工作进行了梳理和整理，采用有限元方法，对各种轧制工艺条件下的单道次轧制过程进行计算，可以得出轧制条件与单道次轧后轧件平面形状的定量关系。从计算结果中提取头部凸形和边部凹形曲线的数据，选取适当的公式进行回归分析，得到了单道次轧制后轧件头部凸形曲线和边部凹形曲线的计算模型，在单道次预测模型基础上推导得到了多道次轧后轧件平面形状预测数学模型，基于平面形状预测数学模型，根据体积不变原理，推导出了平面形状控制道次的控制模型。

对通过数值模拟方法建立的平面形状预测模型和控制模型进行简化，将厚度变化区间内厚度变化量与长度的关系简化成线性关系。平面形状轧制过程中微跟踪控制技术也是极为关键的一个环节，其精确度将直接影响头尾楔形区域的对称性，针对轧件微跟踪、轧件长度预测、宽度补偿以及高精度厚度控制等问题做了大量研究工作，推导了楔形段轧制时间的理论计算公式，得到了楔形段轧制过程中时间和楔形段长度以及时间和楔形段厚度的关系式，通过离散化处理得到工程应用的数值解。给出了平面形状控制参数的计算以及极限值检查和修正过程。建立了不同展宽比和延伸比工艺条件下终轧产品的平面形状预测模型。

平面形状控制功能实现的核心是在轧制过程中动态改变目标厚度，因此需要在轧制过程中改变辊缝，这个任务必须由液压压下系统来完成，即要求在轧件咬钢后由液压缸按照所设定的压下曲线实现位置和厚度控制，针对平面形状控制技术的现场应用，开展了机械液压及自动化系统的设计工作。明确了针对双机架轧机或单机架轧机在轧机设备选型以及 AGC 液压缸及液压系统设计方面的要求。由自动化系统的基础自动化、过程控制系统以及人机界面系统协调配合，实现平面形状控制技术的工业应用。

平面形状控制的主要功能是针对不同的展宽比和延伸比设定带载压下量，由自动化系统保证头尾压下和抬起的对称性。平面形状控制过程是通过垂直方向的压下速度与水平方向轧制速度相互配合完成的。轧件咬入后，轧件轧制长度的跟踪精度决定了最终的控制形状是否能够满足压下曲线的设定要求。为满足平面形状控制计算工业应用的需要，开展了以下研究工作：对轧件长度进行精确微跟踪；采用自学习方法提高轧件道次长度的预测精度；对辊缝设定进行修正，以补偿平面形状控制道次对轧件目标宽度的影响；采用高精度的绝对 AGC 模型提高厚度控制精度。

针对具体工业应用推广项目，在详细调研和分析生产线的工艺布置、设备参数、产品大纲、机械液压和自动化系统情况的基础上，对液压系统及自动化系统各方面进行改造。在该轧机生产线上稳定应用平面形状控制技术，获得了较好的应用效果，全面达到合同目标，综合成材率达到 93.8%，与应用前相比，提高成材率超过 1%。

3. 论文与专利

论文：

（1）Wang Jun, Jia Chunli, Zhao Zhong, et al. Research and improvement on the rolling force model of plate[J]. Advanced Materials Research, 2010, 97 ~ 101: 3091 ~ 3096.

（2）Wang Jun, Xu Jianzhong, Wang Guodong, et al. Study on predictive model of plate camber[J]. Advanced Materials Research, 2012, 572: 137 ~ 142.

（3）Wang Jun, Xu Jianzhong, Wang Guodong, et al. Study on diagnostic strategy for plate camber[J]. Advanced Materials Research, 2012, 572: 210 ~ 214.

（4）何纯玉，吴迪，赵宪明. 中厚板轧制过程轧件横向厚度的计算方法[J]. 东北大学学报（自然科学版），2009，30(12):1751 ~ 1754.

（5）He Chunyu, Jiao Zhijie, Wu Di. Research of self-learning of plate deformation resistance based on genetic algorithm[C]. Advanced Materials Research 2010, 2010, 154 ~ 155: 260 ~ 264.

（6）He Chunyu, Jiao Zhijie, Wu Di. Application of machine vision technique in plate camber control system[C]. Advanced Materials Research 2010, 2010, 139 ~ 141: 2082 ~ 2086.

（7）He Chunyu, Jiao Zhijie, Wang Xuejun, Zhang Hong. Compensation method research on plate mill's stiffness difference[C]. Advanced Materials Research 2013, 2013, 641 ~ 642: 338 ~ 341.

（8）He Chunyu, Jiao Zhijie, Wang Xuejun. Study on advanced structure with application of improved influence function method in solving roll system deformation based on material properties[C]. Advanced Materials Research 2013, 2013, 700: 98 ~ 102.

（9）He Chunyu, Jiao Zhijie, Wu Di. Plastic coefficient on-line calculation method for hot rolling[J]. Computer Modelling & New Technologies, 2014, 18 (9):445 ~ 449.

（10）He Chunyu, Jiao Zhijie, Wang Jun, Meng Jingzhu. Research on camber correction method of heavy plate[C]. Applied Mechanics and Materials 2015, 2015, 723: 906~909.

（11）Jiao Zhijie, Hu Xianlei, Zhao Zhong, et al. Calculation of taper rolling time in plan view pattern control process[J]. Journal of Iron and Steel Research, 2006, 13(5):1~3.

（12）矫志杰, 胡贤磊, 赵忠, 等. 中厚板轧线的坯料出炉时间控制[J]. 东北大学学报（自然科学版）, 2006, 27(10):1102~1105.

（13）Jiao Zhijie, Hu Xianlei, Zhao Zhong, et al. Derivation of simplified models of plan view pattern control for plate mill[J]. Journal of Iron and Steel Research, 2007, 14(4):20~23.

（14）矫志杰, 胡贤磊, 赵忠, 等. 中厚板轧机平面形状控制功能的在线应用[J]. 钢铁研究学报, 2007, 19(2):56~59.

（15）矫志杰, 王君, 何纯玉, 李勇. 中厚板生产线的全线跟踪实现与应用[J]. 东北大学学报（自然科学版）, 2009, 30(11):1617~1620.

（16）Jiao Zhijie, He Chunyu, Wang Jun, Zhao Zhong. Development and application of automation control system to plate production line[C]. 11th International Conference on Control, Automation, Robotics and Vision, Singapore, 2010: 105~108.

（17）Jiao Zhijie, He Chunyu, Zhao Zhong, Ding Jingguo. Width compensation and correction for the plan view pattern control function on plate mill[J]. Journal of Harbin Institute of Technology（New Series）, 2013, 20(5):31~35.

（18）矫志杰, 张青, 何纯玉, 张宏. 基于数据库的中厚板轧线信息化数据串联[J]. 钢铁研究学报, 2013, 25(8):12~15.

（19）Ding Jingguo, Qu Lili, Hu Xianlei, Liu Xianghua. Application of temperature inference method based on soft sensor technique in plate production process[J]. Journal of Iron and Steel Research, 2011, 18(3):24~27.

（20）Ding Jingguo, Qu Lili, Hu Xianlei, Liu Xianghua. Short stroke control with gaussian curve and PSO algorithm in plate rolling process[J]. Journal of Harbin Institute of Technology（New Series）, 2013, 20(4):93~97.

（21）丁敬国，曲丽丽，胡贤磊，刘相华．中厚板轧制力自学习过程层别跳变的自整定方法［J］．东北大学学报（自然科学版），2011，32（1）:64～66.

（22）丁敬国，曲丽丽，胡贤磊，刘相华．微减宽轧制技术在中厚板宽度控制中的应用［J］．东北大学学报（自然科学版），2012，33（11）:1571～1573.

（23）丁敬国，曲丽丽，胡贤磊，刘相华，等．钢锭楔形轧制法在特厚板宽度控制中的应用［J］．哈尔滨工程大学学报，2013，34(7):924～928.

专利：

（1）何纯玉，王君，吴迪，矫志杰．一种中厚板轧制过程中轧件塑性系数在线获取方法，200910011740.4.

（2）何纯玉，吴迪，王国栋，王君，田勇．一种中厚板自动转钢方法，200910012000.2.

（3）何纯玉，吴迪，赵宪明，刘相华，胡贤磊．一种中厚板轧件断面形状的计算方法，200810012930.3.

（4）何纯玉，矫志杰，王雪君，王君，吴迪．一种宽厚板镰刀弯矫正方法，201310193639.1.

（5）矫志杰，何纯玉，赵忠，丁敬国．一种模拟中厚板轧机轧制过程的控制系统及方法，201310343798.5.

（6）矫志杰，何纯玉，王君，赵忠，丁敬国．一种轧机多智能体模型系统的信息交换方法，201410581508.5.

专著：

（1）卢本，王君．普通高等教育"十五"国家级规划教材：材料成形过程的测量与控制［M］．北京：机械工业出版社，2005.

（2）程立英，何纯玉，孙涛，渠丰沛，等．图解西门子 TDC 与 S7-300/400PLC［M］．北京：机械工业出版社，2011.

（3）甄立东，何纯玉，牛文勇，李建平．西门子 WinCC V7 基础与应用［M］．北京：机械工业出版社，2011.

4. 项目完成人员

主要完成人员	职　称	单　位
王君	教授	东北大学 RAL 国家重点实验室
何纯玉	副教授	东北大学 RAL 国家重点实验室
矫志杰	副教授	东北大学 RAL 国家重点实验室
丁敬国	讲师	东北大学 RAL 国家重点实验室
吴志强	讲师	东北大学 RAL 国家重点实验室
赵忠	讲师	东北大学 RAL 国家重点实验室
张宏	助理工程师	辽宁省轧制工程技术中心

5. 报告执笔人

王君、何纯玉、矫志杰、丁敬国、吴志强、赵忠、张宏。

6. 致谢

"中厚板平面形状控制模型研究与工业实践"的研发工作开始于 2001 年首钢 3500mm 中厚板生产线自动化控制系统开发项目，2004 年在邯钢 3500mm 中厚板轧机自动化控制系统中进行了更加细致的模型参数调优，2012 年在首秦 4300mm 宽厚板轧机平面形状控制模型的优化过程中得到了进一步提升。经过多年的理论研究和现场实际应用经验总结，2013 年在福建省三钢集团 3000mm 中厚板轧机上进行了系统而全面的中厚板平面形状模型研究与工业化实践，大幅度提高了产品成材率，研发工作进入了一个新的阶段。

本项目的研发工作是在东北大学轧制技术及连轧自动化国家重点实验室王国栋院士的悉心指导下完成的，王院士对中厚板项目组各位成员的成长和具体研发工作都给予了极大的关注，王院士严谨的治学态度、坚韧不拔的意志品质、追求卓越的奋斗精神永远激励中厚板项目组不断努力争取更大的进步。

多年来，重点实验室在中厚板生产线自动化控制系统研发工作上投入了巨大的人力物力，本项目的研究成果凝结了实验室众多老师同事的不懈努力和辛勤汗水，在此特别感谢张殿华、李建平、王昭东、牛文勇、胡贤磊、孙涛、杨红、甄立东、赵文柱、高俊国、高扬等各位老师和同事们。

在福建三钢 3000mm 中厚板平面形状控制模型与工业实践项目开发与调试过程中，得到了三钢公司领导与技术人员的大力支持与积极配合，在此向三钢董事长陈军伟、副总经理陈冠群、总经理助理陈伯瑜，罗源闽光董事长、总经理何天仁，中板厂厂长谢永华、副厂长王永忠、詹光曹等领导和同志们表示感谢并致以崇高的敬意。

本研究工作是在总结了多年来中厚板生产线自动化系统设计和调试工作基础上完成的，在工程实践中得到了许多公司及中厚板厂领导和同志们的大力支持和无私帮助，在此谨向首钢总公司、武钢总公司、重庆钢铁公司、南京钢铁公司、邯郸钢铁公司、唐山中厚板材公司、河北敬业集团公司、营口五矿集团公司、河北普阳钢铁公司、河北文丰钢铁公司、安阳钢铁公司及各中厚板厂的领导和同志们表示衷心的感谢！

目　　录

摘　　要

　　中厚板平面形状控制技术是使中厚板产品矩形化、减小轧件的切头尾和切边损失、提高成材率非常有效的方法。轧制技术及连轧自动化国家重点实验室多年来在该技术的理论研究和实际应用方面开展了大量研究工作。针对当前钢铁形势严峻，各中厚板企业着力提升生产技术水平、降低生产成本、提高产品竞争力的情况，实验室加强了该技术的现场应用推广工作。

　　本研究报告介绍了平面形状控制技术的理论模型和工业应用推广的研究工作，具体研究内容和取得的主要进展如下：

　　（1）对前期平面形状控制理论研究方面的工作进行梳理和整理，基于有限元数值模拟，回归得到单道次轧制后轧件头部凸形曲线和边部凹形曲线的计算模型；在单道次预测模型基础上推导得到多道次轧后轧件平面形状预测数学模型；基于平面形状预测数学模型，根据体积不变原理，推导出平面形状控制道次的控制模型。

　　（2）对通过数值模拟方法建立的平面形状预测模型和控制模型进行简化，将厚度变化区间内厚度变化量与长度的关系简化成线性关系；推导楔形段轧制时间的理论计算公式，得到楔形段轧制过程中时间和楔形段长度以及时间和楔形段厚度的关系式，通过离散化处理得到工程应用的数值解；给出平面形状控制参数的计算以及极限值检查和修正过程。

　　（3）针对平面形状控制技术的现场应用，开展机械液压及自动化系统的设计工作。明确针对双机架轧机或单机架轧机在轧机设备选型以及 AGC 液压缸及液压系统设计方面的要求；由自动化系统的基础自动化、过程控制系统以及人机界面系统协调配合，实现平面形状控制技术的工业应用。

　　（4）为满足平面形状控制及工业应用的需要，在控制模型方面开展一系列研究工作：对轧件长度进行精确微跟踪；采用自学习方法提高轧件道次长度的预测精度；对辊缝设定进行修正，以补偿平面形状控制道次对轧件目标宽度的影响；采用高精度的绝对 AGC 模型提高厚度控制精度。

（5）针对具体工业应用推广项目，在液压系统及自动化系统各方面进行改造。在该轧机生产线稳定应用平面形状控制技术，获得了较好的应用效果，全面达到合同目标，综合成材率达到 93.8%，与应用前相比，提高成材率超过 1%。

通过上述中厚板平面形状控制的理论模型和工业实践研究工作，将该技术应用于中厚板生产现场，切实提高了中厚板成材率，为企业创造了效益，提高了企业的竞争力，为我国的钢铁事业发展做出了贡献。

关键词：中厚板轧机；平面形状控制；预测模型；控制模型；液压系统；自动化系统；工业应用

1 平面形状控制技术概述

1.1 平面形状控制研究背景

我国是钢铁生产大国，也是钢铁消费大国。钢铁是不可再生资源，钢铁生产是高耗能产业。为了可持续发展和科学发展，国家提出并积极推动开发新一代可循环钢铁流程工艺。新一代可循环钢铁流程以开发研究缩短工艺流程、加快生产节奏、实现连续化生产、大幅度提高生产效率为中心，以资源高效利用和循环利用为核心，以"减量化、再利用、资源化"为原则，实现生产减量化、节约化，促进我国经济可持续发展和科学发展。

中厚钢板是国民经济发展所必须的重要钢铁材料，被广泛应用于大直径输送管线、压力容器、船舶、桥梁、锅炉、海洋构件、建筑等领域，中厚板总产量占到钢材总量的 10% ~ 16%。因此，对中厚板轧制工艺进行研究，开发减量化、节约型产品和轧制工艺是必要的，也是紧迫的。随着我国工业的发展，中厚板的生产已从单纯的追求产量转变为重视产品质量、降低成本与减少能源和原材料消耗，提高成材率就是为了达到这一目的而采取的一种重要手段[1,4]。

中厚板成材率是影响生产成本的重要因素和主要经济技术指标，在一定程度上反映了中厚板生产技术水平。据统计资料，各种损耗在成材率损失中所占比例如图 1-1 所示。由图 1-1 可以看出，钢板尺寸计划余量约占总损耗的 36%，切头尾和切边损失各约占总损耗的 26% 和 23%，三项损失之和高达总损耗的 85%，而钢坯加热烧损及其他各类损失之和仅为总损耗的 15%。可以看出，前三项损耗减少，中厚板成材率将会有很大提高。

针对尺寸计划余量及切损等影响中厚板成材率的主要因素，人们通过多种途径提高钢板的成材率。目前，采用特殊轧制工艺对钢板平面形状进行控

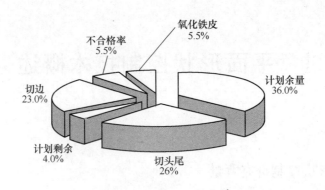

图 1-1 各种损耗占成材率损失的比例

制的方法已在国内外中厚板厂得到广泛实施。它不仅能减少切头尾及切边损失，还可以减少板坯尺寸设计余量，从而有效提高中厚板成材率。

1.2 中厚板轧制平面形状变化特点

由于中厚板生产坯料尺寸范围小而产品尺寸范围大，因此典型的中厚板轧制过程一般都包括成型轧制、展宽轧制和精轧三个阶段，如图 1-2 所示。

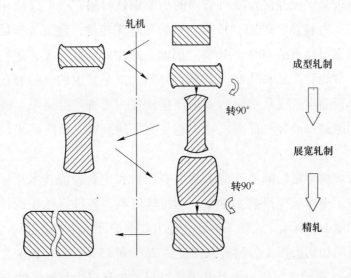

图 1-2 中厚板轧制过程

（1）成型轧制阶段：成型轧制也称整型轧制，即沿板坯长度方向（纵向）轧制 1~4 道次。目的是消除板坯表面的凹凸不平和由于剪切引起的端部压扁，改善坯料表面条件，使板坯厚度均匀，提高展宽精度，减少展宽轧制时板坯边部桶形的产生。

（2）展宽轧制阶段：板坯经成型轧制后，一般都需要转钢90°进行展宽轧制。一是使板坯宽度达到钢板毛宽；二是使板坯在纵、横两个方向性能均匀，改善各向异性。展宽前后轧件宽度之比称为展宽比，随展宽比不同，一般进行4~8道次展宽轧制。

（3）精轧阶段：精轧是在展宽轧制后再将板坯转90°，沿板坯原长度方向进行伸长轧制，直至满足成品钢板的厚度、板形和性能要求。

传统平板轧制理论以平面应变条件为基础，认为在宽厚比较大的变形过程中，不发生横向变形。但在中厚板变形过程中板坯沿轧制方向延伸的同时，宽度方向也发生宽展，已不满足平面应变条件，而是三维塑性变形条件。此时，板坯头尾端由于缺少外端的牵制，宽展更加明显，不均匀塑性变形严重。在板坯厚度较厚的成型和展宽轧制阶段，这种不均匀变形尤为明显[5~7]。成型和展宽轧制后板坯平面形状如图1-3所示。

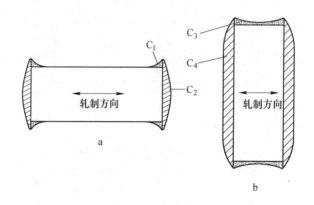

图1-3 轧制过程中板坯平面形状变化

a—成型轧制；b—展宽轧制

由图1-3可以看出，成型和展宽轧制后板坯的平面形状已不再是矩形。图1-3中C_1和C_3部分的凹形是由于在板坯头尾端发生局部宽展造成的；而C_2和C_4部分的凸形是因为成型轧制时板坯宽度方向的边部比宽度中部的宽展大，转钢进行展宽轧制时，产生延伸差，并与C_1和C_3部分的局部展宽累加而成。

　　中厚板生产一般要进行三阶段轧制，因此轧制终了时钢板的平面形状是由整个轧制过程中平面形状的变化量叠加而成的，并且受板坯尺寸、成品尺寸及横向轧制比（成品宽/板坯宽，即展宽比）、长度方向轧制比（成品长/板坯长，即延伸率）、压下率和变形区接触弧长等因素的影响。一般来说，在有展宽轧制的情况下，展宽比的大小决定了钢板最终的平面形状。当展宽比小而延伸率相对大时，延伸变形在轧件最终的平面形状中占主导地位，使钢板头尾端部呈现凸形（也称"舌形"），而在边部呈现凹形，轧制结束后钢板平面形状如图 1-4a 所示；当展宽比大而延伸率相对小时，展宽变形在轧件最终的平面形状中占主导地位，使钢板头尾端部呈现凹形（也称"鱼尾"），而在边部呈现凸形，结果如图 1-4b 所示。

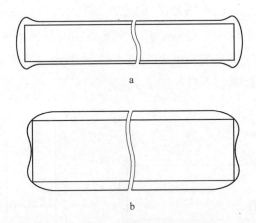

图 1-4　轧制结束时的钢板平面形状
a—展宽比小、延伸率大；b—展宽比大、延伸率小

　　上述不均匀变形结果，若不加以控制，会一直保留到变形终了，使终轧后的成品钢板平面形状非矩形化，增大切头、切尾及切边损失，降低成材率，进而影响到企业的经济效益。因此，研究中厚板轧制过程中的不均匀变形、掌握其变化规律、采取相应对策控制成品平面形状，是一项非常有意义的工作。

1.3　平面形状控制国内外研究现状

　　20 世纪 70 年代以来日本轧钢工作者首先对轧制过程中的中厚板平面形

状控制方法进行了广泛研究，主要研究内容如图 1-5 所示。

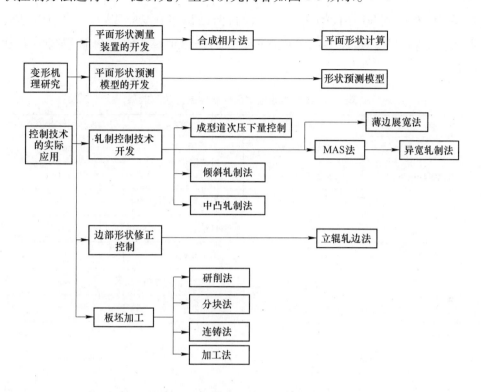

图 1-5 中厚板平面形状控制技术

　　强力且响应性能高的液压 AGC 系统和配有自动宽度控制的近置式轧边机等设备在中厚板生产中的应用，丰富了钢板平面形状的控制方法，促进了平面形状控制技术在实际生产中的应用。通过在中间变形道次进行板坯变厚度轧制以及利用附设的立辊轧机，川崎制铁、住友金属、日本钢管等著名钢铁企业相继开发出各种平面形状控制轧制技术，如厚边展宽轧制法（Mizushima Automatic Plan View Pattern Control System，简称为 MAS 轧制法）、"狗骨"轧制法（Dog Bone Rolling，简称为 DBR 轧制法）、差厚展宽轧制法、立辊轧边法，以及将 MAS 轧制法加以变动和组合，派生出的不等宽轧制法、圆形轧制法、锥形轧制法、无切边（Trimming Free Plate）轧制等多种控制方法。神户制钢加古川制铁所根据沿轧件宽度方向润滑油供给不同，其相应各点延伸率分布不同的原理，开发出了部分润滑法。这些方法虽然应用原理和变形特点不同，但均可以达到控制钢板平面形状的目的，有效地提高了中厚板成材率。

通过应用这些先进的轧制方法，日本中厚板的平均成材率由 20 世纪 70 年代的 80.4% 提高到 80 年代的 91.5%，而目前已稳定在 94% 以上。典型中厚板平面形状控制方法如表 1-1 所示，下面分别介绍中厚板平面形状控制的主要方法。

表 1-1　典型中厚板平面形状控制方法和效果

原　理	控制方法	代表厂家	提高成材率/%
动态变压下	MAS 轧制法	川崎制铁水岛厂	4
	变宽度 MAS 法		0.4
	DBR 轧制法	日本钢管福山制铁所	2.0
立辊侧压	立辊轧边	新日铁名古屋制铁所	3.0
预摆辊缝	不等厚展宽轧制法	川崎制铁千叶厂	1
局部润滑	部分润滑法	神户制钢加古川制铁所	—
动态变压下 + 立辊齐边	MAS 加立辊轧边法	川崎制铁水岛厂	6

1.3.1　MAS 轧制法

MAS 轧制法（Mizushima Automatic Plan View Pattern Control System，即水岛平面形状自动控制方法）是由原日本川崎制铁公司（现 JFE 公司）水岛厚板厂开发并于 1978 年开始用于生产的一种平面形状控制技术。它通过控制轧辊辊缝实现中间道次的变厚度轧制，以此来控制钢板的平面形状，提高钢材的成材率。采用 MAS 法后，该厂的成材率提高了约 4.4%。将其应用于有计算机控制的四辊中厚板轧机上，对任何板坯及成品尺寸的配合都可进行有效的控制。以此为基础，该厂还开发了异宽 MAS 轧制法，即将不同宽度要求的成品组合在一张母板上生产，有效地减少了成品钢板剪切后的计划余量，进一步提高了钢板成材率。

MAS 轧制法的原理是通过预测轧制终了时的钢板平面形状，将形状不良部分的体积，换算成对应板坯断面厚度的变化，使最终钢板平面形状矩形化。根据控制部位及进行变厚度轧制时间的不同，将 MAS 轧制法分为：控制钢板边部形状的成型 MAS 轧制法和控制钢板端部形状的展宽 MAS 轧制法两种。图 1-6 为成型 MAS 轧制法原理示意图。

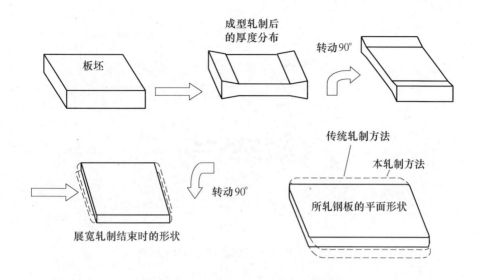

图 1-6 成型 MAS 轧制法原理示意图

成型 MAS 轧制实施步骤如下：

（1）用平面形状预报模型计算出成品钢板边部不良形状的量，并将其转换为成型轧制最后一道次的钢板纵向厚差。

（2）在成型轧制最后一道次中，通过动态变压下，按模型要求沿板坯纵向进行变厚度轧制。

（3）成型轧制结束后，将板坯旋转 90° 进行展宽轧制，此时，钢板的成型轧制中的纵向厚差，就会引起展宽轧制宽度方向上压下率的不同，产生延伸差，从而控制了展宽轧制结束时钢板的平面形状。

当预报的边部形状为凸形时，在成型轧制阶段最后一道次的厚度调整中，要使钢板头尾两端变厚，如图 1-6 所示；当预报的边部形状为凹形时，在成型轧制阶段最后一道次的厚度调整中，要使板中间部分变厚，与图 1-6 中所示的情况相反。

控制钢板端部形状的展宽 MAS 轧制法原理与成型 MAS 轧制法相似，即是在展宽轧制的最后一道次进行动态变压下，按设定调整钢板头尾和中间的板厚差，之后转钢 90° 进行精轧，沿宽度方向上钢板产生纵向延伸差，从而使钢板端部形状得以控制。MAS 轧制法的控制效果如图 1-7 和图 1-8 所示。

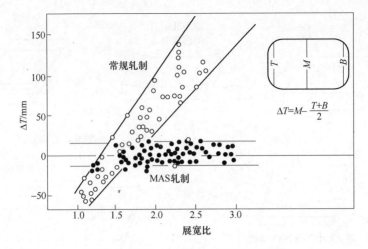

图 1-7　成型 MAS 轧制法对切边量的影响

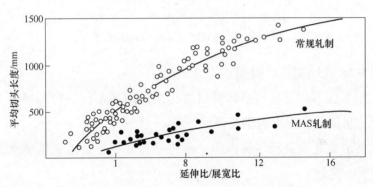

图 1-8　展宽 MAS 轧制法对端部切头的影响

1.3.2　"狗骨"轧制法

"狗骨"轧制法是日本钢管福山研究所开发的一种平面形状控制技术，该技术是将预测到的长度方向的平面形状变化量都补偿到宽度方向的厚度截面上，将轧件先轧成两边厚、中间薄的"狗骨"形状，然后再沿坯料的宽度方向一直作延伸轧制，直到轧出成品钢板，如图 1-9 所示。该方法与 MAS 轧制法的补偿原理基本相同。

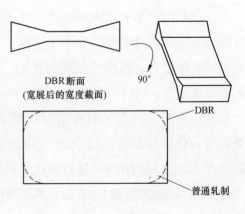

图 1-9　"狗骨"轧制法原理示意图

1.3.3 薄边展宽轧制法

该方法也称差厚展宽轧制法，将展宽轧制后的不均匀变形量折算成轧辊水平倾斜的角度，在展宽轧制后，紧接着倾斜轧辊，追加两道次变形，对板坯的两边进行轧制，使薄边展宽轧制后的板坯形状接近矩形，以消除成型轧制与展宽轧制阶段不均匀变形而形成的头尾凸形。然后将轧件转动90°，延伸轧制为平面形状较好的成品钢板，如图 1-10 所示。

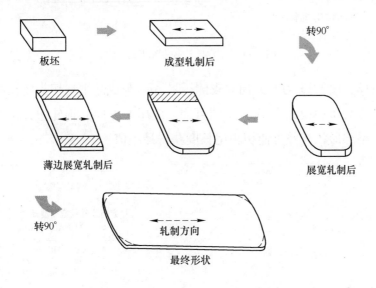

图 1-10　薄边展宽轧制法原理示意图

1.3.4 立辊轧边法

中厚板生产中，立辊的使用方法包括：沿板坯长度方向进行的立辊轧边（以下简称 L 方向立轧）和板坯转 90°后，在宽度方向上进行的立辊轧边（以下简称 C 方向立轧），其工艺过程如图 1-11 所示。

该方法根据成品钢板头尾形状预测模型，设定立辊轧边道次的侧压量，对钢板宽度和头、尾及边部形状进行控制。因此在使用立辊轧边法之前，需建立没有立辊轧边时的板坯平面形状数学模型及使用立辊轧边时的板坯平面形状预测模型，之后对板坯分别实施 L 方向和 C 方向的立辊轧边。

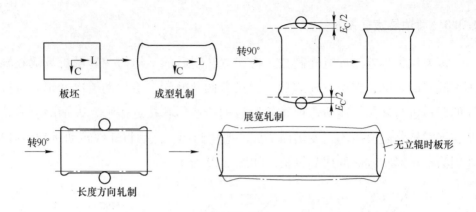

图 1-11　立辊轧边控制效果示意图

图 1-12、图 1-13 为 L 方向立辊侧压量 Δh_{EL} 与成品平均切头尾长度 C 及宽度波动量 ΔW_C 的关系示意图。由图可知，应用 L 方向立辊轧边，可以改善成品钢板头尾部形状，并可使切头尾长度获得最小值。

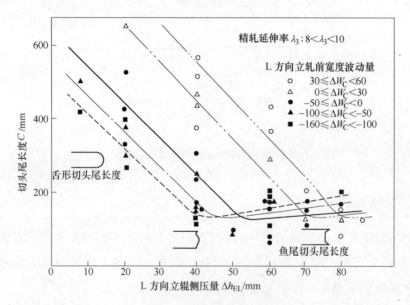

图 1-12　L 方向立辊侧压量与成品平均切头尾长度的关系

进行 C 方向立辊轧边可改善板坯边部形状。通过分析具体轧制条件，选用最佳立辊侧压量，对板坯进行 C 方向与 L 方向立辊轧边，可改善成品钢板的平面形状，使其接近矩形。

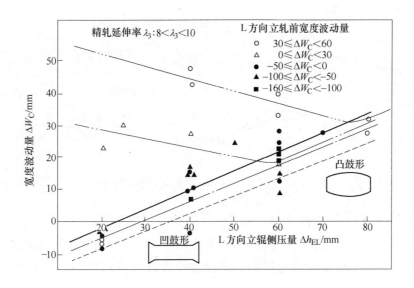

图 1-13　L 方向立辊侧压量与宽度波动量的关系

日本新日铁名古屋制铁所厚板厂率先开发和现场应用了立辊轧边系统，采用该方法后使厚板成材率提高了 3%，实施效果如表 1-2 所示。

表 1-2　立辊轧制效果

名　　称	无立辊	立辊轧制
切头尾长度 C/mm	<800	<200
宽度波动量 ΔW_C/mm	<80	<15
∣板宽实际值 − 目标值∣/mm	<70	<30
提高成材率/%	—	+3.0

1.3.5　无切边轧制法

川崎制铁水岛厚板厂在开发了 MAS 轧制法之后，又开发出了不切边生产厚板的 TFP（Trimming Free Plate）新技术，达到了省去剪切工序的效果。利用该技术生产的无切边钢板有整齐的直角边部形状及精确的轧件宽度，可减少头尾剪切长度。轧后钢板外形如图 1-14 所示。

TFP 轧制技术的实现依赖于功率强大的铣削设备、立辊轧机的高精度板宽控制及与 MAS 轧制法的优化组合。轧制过程包括：在成型、展宽阶段分别

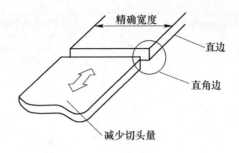

图 1-14　利用 TFP 技术生产的无切边钢板外形

应用 MAS 轧制来控制板坯头、尾及边部形状；在成型、展宽阶段应用立辊轧机控制侧边折叠，在精轧阶段利用立辊轧机的 AWC 功能与水平辊配合，控制成品宽度；在轧后进行在线铣削，消除成品宽度变化，使板坯侧面及平面形状矩形化。TFP 生产工艺流程如图 1-15 所示。

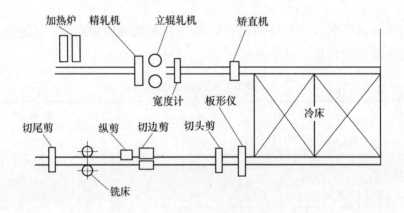

图 1-15　TFP 生产工艺流程示意图

1984 年川崎制铁水岛厚板厂在精轧机后装备了世界首台近置式孔型立辊轧机，并配备液压自动宽度控制 AWC（Automatic Width Control）等多种功能，与精轧机中心间距为 3625mm。在精整线上，布置了高切削精度的冷铣床，铣削精度可达 ±0.5mm。该厂采用立辊轧边法生产的钢板占总产量的 90%，其中不切边钢板的数量达到 30%，不仅缓解了剪切线的作业压力，满足了用户的高精度尺寸要求，同时使钢板综合成材率提高 2%，达到 94.9% 的世界最高水平。其立辊轧机及铣床的设备参数如表 1-3 所示。

表1-3 水岛厚板厂立辊轧机及铣床设备参数

立 辊 轧 机		冷 铣 床	
轧制力（平辊身部分）/kN	4000	位 置	切边与切头剪之间
轧制力（孔型辊身部分）/kN	3000	类 型	螺旋铣床
轧制力矩/kN·m	500	铣头直径/mm	$\phi 1000 \times 2$
轧制速度/m·s^{-1}	2.5～7.5	进给速度/m·s^{-1}	最大0.7
轧辊直径/mm	$\phi 700/800$	每边铣削深度/mm	最大20
孔型倒角/(°)	12	工作厚度/mm	4.5～80
电动压下速度/m·s^{-1}	60/120	电机功率/kW	DC200×2
液压AWC速度/m·s^{-1}	100	铣削控制	中心位置控制（CPC） 边部位置控制（EPC） 直线位置控制（SPC）

1.3.6　中厚板平面形状检测方法

中厚板生产过程是一个高温下的可逆轧制过程，因此精确测定轧制过程中的钢板平面形状是困难的。以往常用的平面形状测定方法有两种：一种是合成照相法，适于实验室实验，价格比较便宜；另一种是采用激光测量装置来测定中厚板的平面形状，适于现场高精度控制，但价格昂贵。最近，轧制技术及连轧自动化国家重点实验室（东北大学）又开发出一种基于图像识别技术的中厚板形状测量装置，并进行了现场试验。下面对上述三种方法分别予以介绍。

1.3.6.1　合成照相法

该方法多用于实验室实验，其工作原理如图1-16所示。首先在确定并调整好变焦拍摄比例后，分别拍摄辊道上的目标刻度板、轧前轧件形状；再对轧制过程中轧件形状进行拍摄；最后将目标刻度板与轧件在底片上合成成相。拍摄完成后，从合成的相片上读出所需要的板坯尺寸，再加入拍摄比例修正量，即可确定出实际轧件的外形尺寸。

因为实验室实验一般是在室温下用铅件模拟钢的高温变形过程，所以在

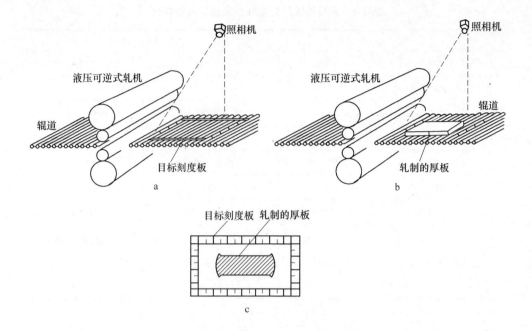

图 1-16 合成照相法工作原理示意图

a—获取测量刻度尺图像；b—获取所轧钢板图像；c—将 a 与 b 的图像合成

应用合成照相法时，不会受到高温限制，可以直接将轧件放到目标刻度板上进行照相。已有国内学者利用合成照相法，研究了热轧碳素结构钢在轧制过程中的形状变化规律，并依此建立了数学模型。

1.3.6.2 厚板平面形状识别装置

日本住友金属和歌山制铁所开发出的厚板平面形状识别装置（Plate Shape Gauge，简称为 PSG）配有高响应速度的宽度计、接触辊式长度计、凹形切头测定仪及检测钢板凹凸及翘曲的光幕式检测器等，可对厚 4.5～75mm、宽 1000～4300mm、长 6000～40000mm 的钢板进行测量。PSG 装置一般安装在冷床出口侧，汇集由检测仪器传来的有关钢板长度、最大/最小宽度及凸凹度等信息，然后以钢板长度（X）、宽度（Y）为坐标，设定计划剪切线、中间切断位置，并计算出定尺剪切后的钢板余量。PSG 装置的组成如图 1-17 所示。

PSG 装置还可将检测到的数据传递给与其相关的作业工序，配合实现轧

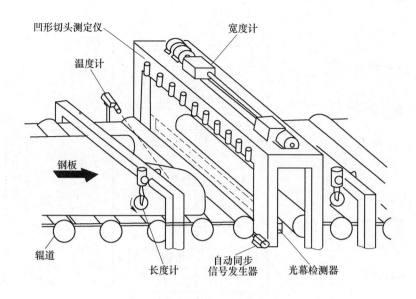

凹形切头测定仪　　　宽度计

温度计

钢板

辊道　　　　长度计　　自动同步信号发生器　　光幕检测器

图 1-17　PSG 装置的构成

制规程修正、板坯平面形状的精确控制、自动优化定尺剪切及板坯优化设计等工作。1997 年年底，韩国浦项制铁（Pohang）3 号厚板生产线配备了自动板形测量装置，使成材率提高 2% 以上。

1.3.6.3　图像识别法

最近，轧制技术及连轧自动化国家重点实验室（东北大学）开发出了一种新的基于图像识别技术的中厚板平面形状测量装置，并进行了现场试验。其工作原理是：利用安装在轧机前后工作辊道上方的工业 CCD 摄像头采集轧件的平面图像，通过高速图像数据采集卡将图像数字化后送入计算机，对数字化图像进行处理，提取边缘信息，得到轧件形状。其工作原理如图 1-18所示。

为保证所测轧件轮廓尺寸的精度，该装置采用了亚像素边缘检测技术，并提供两种算法供选择。一种是重建理想边缘图像，即建立理想边缘的参数化模型，首先，假设在理想边缘灰度分布和离散图像灰度分布之间存在一些统计特征不变量，这些不变量是理想边缘参数的函数，然后，由不变关系建立方程确定理想边缘的参数；另一种是重建空间离散采样前的连续图像，即

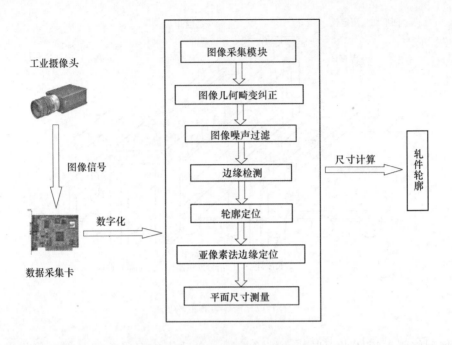

图 1-18　图像识别法的工作原理示意图

通过对离散图像的灰度分布进行曲面拟合，来精确重建任意连续图像的灰度分布。两种算法都首先利用被噪声污染的边缘低频信息重建边缘的连续图像，然后从连续图像中提取亚像素边缘位置，从而获得所测轧件形状尺寸。

1.4　国内平面形状控制技术应用中存在的问题

平面形状控制技术作为提高中厚板成材率非常有效的手段，最初由日本钢铁企业开始应用，并取得了很好的应用效果。国内研究人员从 20 世纪 80 年代开始跟踪该技术，并开展研究工作，但国内中厚板轧机在该技术的应用方面仍然存在很多问题。

（1）理论研究和实际应用脱节。国内对中厚板轧机平面形状控制技术的研究，尤其是在理论方面的研究工作，以各科研院所的研究人员为主，开展了大量理论模拟和实验研究工作，并建立了较系统的模型体系。但针对现场的实际应用研究却较少开展，一般只是为了验证理论研究结果，进行几次现场工业实验，缺乏长期持续的应用研究。

（2）设备条件无法满足应用要求。国内仍然有大量的中厚板生产线设备条件较差，无法满足平面形状控制技术对轧机的机械、液压、自动化控制系统各方面设备条件的要求。

国内大量的 3000mm 以下的中厚板轧机没有配备液压压下系统，或者即使配备了液压压下系统，液压系统的能力也较差，压下速度较慢，无法保证平面形状控制技术对轧制过程带载液压压下的能力要求。

国内还有大量中厚板轧机的自动化系统配备较简单，以手动或半自动的操作模式为主，无法满足平面形状控制对自动化系统的要求。

（3）生产组织管理导致无法应用。由于平面形状控制技术需要在中厚板轧制过程中尽量采用成型、展宽和延伸轧制三个阶段的轧制方式，并且在成型和展宽的末道次采用较低速度的匀速稳定轧制，会对产量造成一定影响。

国内大部分的中厚板生产企业原来的生产模式一直为以量取胜，对产量的要求很高，而且原来中厚板的市场形势较好，各企业对产量的要求超过对成材率的要求，在原料坯型设计时，一般都采用展宽和延伸两个阶段轧制，以节省时间，提高产量。上述原因造成了中厚板生产企业对平面形状控制技术应用的热情不高，缺乏技术应用的生产组织管理条件。

随着国内钢铁形势的变化，目前中厚板市场发生了很大变化，产量严重过剩，各企业对生产成本和成材率的要求超过了对产量的渴求，平面形状控制技术在国内的应用已经具备了生产管理组织的主观条件。

（4）具备条件的生产线没有很好应用。国内也有一批中厚板企业为最近十年新建生产线，轧机设备为国外引进或国内自主设计制造，整体的机械设备和自动化控制系统配置水平较高，设计时考虑了平面形状控制技术的应用，设备硬件条件也能够满足要求。但在实际生产时，该技术或者根本没有应用，或者应用了但控制效果不理想。

1.5　报告主要研究内容

针对上述平面形状控制技术在国内应用的现状，在中厚板轧机平面形状控制技术应用方面开展研究工作，将实验室多年来在平面形状控制理论研究方面的成果应用于实际生产。主要研究内容包括：

（1）对平面形状控制的理论研究工作进行梳理，形成较为系统的理论模型体系。基于有限元模拟方法建立平面形状控制的预测模型和控制模型；考虑现场应用需要，对理论模型进行简化，推导楔形轧制时间的计算模型；给出平面形状控制参数的计算以及极限值检查和修正过程。

（2）进行平面形状控制技术现场应用的系统设计，从机械液压设备、自动化系统等方面，针对平面形状控制技术的现场应用开展研究；并针对轧件微跟踪、轧件长度预测、宽度补偿以及高精度厚度控制等问题开展研究工作。

（3）平面形状检测系统开发研究。利用数字图像技术对相机采集的钢板图像进行识别及处理，将得到的点阵图像进行参数化描述，获得成品钢板的尺寸、形状信息，为轧机的过程控制系统提供必要的模型修正数据，优化轧制模型并可以实现对轧制规程的修正补偿，改善钢板轧后成品形状的矩形度。

（4）介绍平面形状控制技术的现场应用实践工作。以工业应用推广项目为例，介绍生产工艺及设备概况，对液压及自动化系统进行改进，并对现场应用的效果进行统计分析。

2 自动化系统

平面形状控制功能的实现最终还需要通过自动化系统来完成。针对该功能的实现，自动化系统不需要在硬件方面额外增加设备，只需要在标准的中厚板轧机自动化控制系统中，实现相应的控制功能。

一个典型双机架中厚板轧机自动化控制系统的构成简况如图 2-1 所示，与平面形状控制功能实现相关的部分包括：基础自动化系统的粗轧机主令控制与粗轧机的机架控制部分、过程控制系统以及人机界面系统。系统典型硬件组成包括如下内容：

（1）人机界面服务器。现场设备和工艺状态显示和设定，直接和基础自动化系统通讯，对数据进行历史存档，所包含的画面包括轧制主画面、跟踪主画面、传动状态监控画面、轧机调零与刚度测试画面、精轧机参数输入画

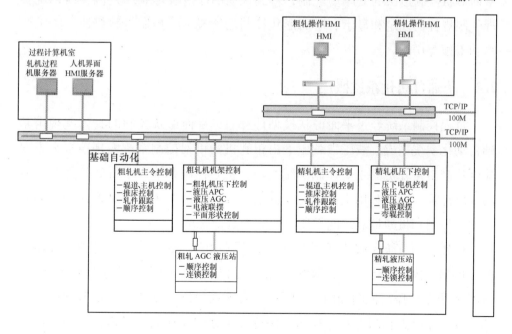

图 2-1　中厚板轧机自动化系统示意图

面及轧机液压系统监控画面等。

（2）人机界面客户机。和人机界面服务器进行通讯，显示内容与人机界面服务器相同，布置于各个操作台上，接受操作人员指令。

（3）轧制过程机服务器。通过以太网与基础自动化和人机界面服务器通讯，为基础自动化系统计算最佳设定和控制参数，一般需要完成模型计算、规程设定、过程监控、数据采集和物料跟踪等功能。

（4）基础自动化系统。水平方向主令控制采用 S7-400PLC，实现辊道控制、主机控制、推床控制、换辊控制以及轧机液压润滑系统控制；垂直方向机架控制器采用 TDC 系统，完成辊缝控制、厚度控制、平面形状控制等功能。

过程控制系统主要完成轧制规程的预计算、轧制规程再计算和自学习计算，平面形状控制模型作为过程控制系统的主要部分按照轧制规程设定实现平面形状的预测和参数设定，计算结果传递给基础自动化。基础自动化系统的主令控制和机架控制两部分相互配合，按照轧制规程实现钢坯的可逆轧制，在平面形状控制道次通过水平主机速度和垂直方向上液压压下的配合，完成平面形状控制道次的变厚度轧制，得到预期的厚度及形状。人机界面系统实现轧制规程的设定和显示、平面形状控制功能投入、控制参数修改、人工调整和干预等功能。

2.1 基础自动化系统概述

过程控制系统经过平面形状模型计算后，平面形状控制的具体实现由基础自动化系统完成。液压带载压下由粗轧机的机架控制系统实现；水平方向速度控制由粗轧机的主令控制系统实现。机架控制系统为了得到轧件咬入后的长度计算，需要利用主机转速反馈值，该反馈值在主令控制系统中，因此在主令控制和机架控制之间需要有快速的数据交换。

机架控制系统完成轧制过程的厚度控制功能。AGC 液压缸的位置控制是厚度控制的执行内环，它对钢板平面形状的厚度控制质量具有决定性的影响，AGC 液压系统控制框图如图 2-2 所示。液压缸的位置闭环是指调节伺服阀的开口度，在最大轧制力允许范围内保持液压缸位置在某一设定值，使控制后的位置与目标位置之差保持在允许的偏差范围内。在液压位置闭环方式下，液压位置基准、AGC 调节量、附加补偿和手动辊缝干预量的和与液压缸位置检测值相比较，所得偏差值与一个和液压缸油压相关的变增益系数相乘后送入位置控制器（PID 调节器），位置控制器的输出值和以压力限幅基准为设定值的压力控制器的输出值都送入一个比较器，将二者之中较小者作为给定值输出到伺服放大器，进而驱动伺服阀，从而控制液压缸的上下移动以消除位置偏差。

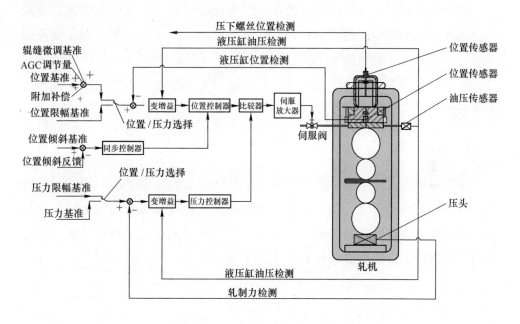

图 2-2　AGC 液压缸闭环控制原理

平面形状控制状态下，液压缸工作在位置闭环状态，当平面形状控制道次的厚度压下曲线设定后，TDC 根据道次预测总长度和实际轧制长度的比值判断当前应该实现的压下量，驱动伺服阀保证实际的压下曲线与设定压下曲线相符。

2.2　基础自动化主要功能

基础自动化系统核心由西门子 PLC、TDC 组成，通过 Profibus DP 连接区域内的远程 IO，轧线上各个区域的控制保持独立，通过工业以太网共享数据。

自动化系统的设定数据来自于过程计算机或操作员的设定数据，生产过程中的检测数据以数值、柱状图、曲线和图形的方式显示在 HMI 上。通过 HMI 可以手动输入和修改部分设定参数，启动和终止辊缝清零、轧机刚度测试、油膜厚度测试等操作[8]。HMI 还包括辅助系统（例如传动系统、液压站等）的监控功能。

系统的操作模式分为手动和自动两种方式。

在自动方式下，过程计算机把各道次规程数据发送给基础自动化，基础自动化按照设定数据实现自动控制。在自动模式下，允许操作员在安全范围内进行手动干预，干预值发送给过程计算机进行自学习。

在维护和检修时使用手动方式，可以进行轧机换辊、辊缝清零、推床清零等操作。

2.2.1 辊缝计算

由于轧机压下是由压下螺丝和液压缸共同完成的，测量压下螺丝行程得到的辊缝称为电动辊缝，测量液压缸行程得到的辊缝称为液压辊缝，所以轧机辊缝应为电动辊缝和液压辊缝之和。压下螺丝和液压缸位移传感器数值增大时，辊缝减小，则辊缝计算如式（2-1）所示：

$$S = S_E + S_H = (C_{Ez} - C_E) + (C_{Hz} - C_H) \tag{2-1}$$

式中　S——轧机辊缝；

S_E——电动辊缝；

S_H——液压辊缝；

C_{Ez}——压下螺丝位移传感器在辊缝零点的数值；

C_E——压下螺丝位移传感器实测值；

C_{Hz}——液压缸位移传感器在辊缝零点的数值；

C_H——液压缸位移传感器实测值。

通常液压缸位置用油柱高度来表示，油柱高度计算公式为：

$$O_H = C_H - C_{Base} \tag{2-2}$$

式中　O_H——油柱高度；

C_{Base}——液压缸落底时位移传感器数值。

由式（2-1）和式（2-2）可以得出辊缝计算的另一种公式：

$$S = S_E + S_H = (C_{Ez} - C_E) + (O_{Hz} - O_H) \qquad (2\text{-}3)$$

式中 O_{Hz}——液压缸油柱在辊缝零点的数值。

式（2-3）作为辊缝计算公式。

从辊缝计算公式可以看出，辊缝零点有两个变量：C_{Ez} 和 O_{Hz}。而轧机是左右对称结构的，分为传动侧和操作侧，所以一座轧机两侧各有一个压下螺丝和一个液压缸，实际的辊缝零点则自然是四个变量：C'_{Ez}、C''_{Ez}、O'_{Hz} 和 O''_{Hz}。式（2-4）为传动侧辊缝计算公式，式（2-5）为操作侧辊缝计算公式：

$$S' = S'_E + S'_H = (C'_{Ez} - C'_E) + (O'_{Hz} - O'_H) \qquad (2\text{-}4)$$

$$S'' = S''_E + S''_H = (C''_{Ez} - C''_E) + (O''_{Hz} - O''_H) \qquad (2\text{-}5)$$

式中 S'——传动侧辊缝；

S'_E——传动侧电动辊缝；

S'_H——传动侧液压辊缝；

C'_{Ez}——传动侧压下螺丝位移传感器在辊缝零点的数值；

C'_E——传动侧压下螺丝位移传感器实测值；

O'_{Hz}——传动侧液压缸油柱在辊缝零点的数值；

O'_H——传动侧油柱高度；

S''——操作侧辊缝；

S''_E——操作侧电动辊缝；

S''_H——操作侧液压辊缝；

C''_{Ez}——操作侧压下螺丝位移传感器在辊缝零点的数值；

C''_E——操作侧压下螺丝位移传感器实测值；

O''_{Hz}——操作侧液压缸油柱在辊缝零点的数值；

O''_H——操作侧油柱高度。

2.2.2 电动压下位置控制系统

电动压下用于粗摆辊缝。电动 APC 的原理是根据电动压下目标位置与实际位置的偏差 E，确定压下电机的给定速度 v，实际 APC 控制曲线如图 2-3 所示。由于电动压下系统的固有缺点，辊缝设定精度较低，经仔细调整，其精度可达 $\pm 100\mu m$，任何剩余的偏差都将留给液压缸去调节。

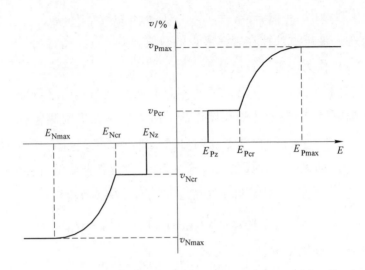

图 2-3　电动压下位置-设定速度曲线

E_{Nmax}—负最大偏差；E_{Ncr}—负爬行偏差；E_{Nz}—负零偏差；E_{Pmax}—正最大偏差；

E_{Pcr}—正爬行偏差；E_{Pz}—正零偏差；v_{Nmax}—负最大调节量；v_{Ncr}—负爬行调节量；

v_{Pmax}—正最大调节量；v_{Pcr}—正爬行调节量

2.2.3　轧机辊缝清零

换辊后，轧机需要进行辊缝清零操作，在位置闭环控制下，协调电动压下电机和液压缸，使轧辊压靠；压靠后，切换到压力闭环，压力基准由过程计算机设定，记录辊缝清零时的平均压力和位置后，系统恢复到位置闭环，完成清零操作。具体步骤如下：

（1）初始化清零序列；

（2）AGC 液压缸控制方式为位置闭环，以辊缝清零预设定油柱高度为基准；

（3）主机低速转动，以辊缝清零设定速度为基准；

（4）系统状态（电动压下、AGC 液压系统）正常；

（5）控制压下电机，使辊缝减小，直至辊缝接近零位，产生一定轧制力，保证两辊接触；

（6）液压系统切换到压力闭环方式，按照 L2 设定的压力运行，压力稳定后采集数据，自动记录清零值（采集时间以支撑辊转动 2 周为限）；

（7）采集数据结束后，确认清零数据；

（8）确认数据后，液压系统恢复至位置闭环，液压缸快卸；

（9）抬起压下电机到相应位置，若发现两侧不平（两侧清零油柱偏差过大），打开离合器，手动控制电动压下调平后，合上离合器，重新清零操作；

（10）液压缸取消快卸，完成清零操作。

2.2.4 主电机速度控制

根据轧制规程的要求对轧机和轧线辊道进行控制。

轧机主机速度控制曲线见图2-4。

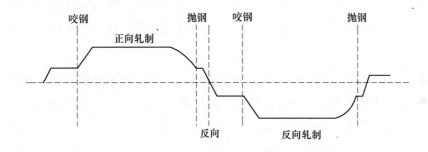

图2-4 主机速度控制曲线

在轧制前，L2计算机根据PDI数据把当前要轧制的坯料的各道次长度值传递给L1，轧制过程中，L1按照咬钢信号和工作辊转速计算钢板已轧制的长度，如果当前道次的钢板长度设定值与已轧制长度之差小于临界设定值时，即开始触发抛钢前的降速。

主机速度设定包括：（1）爬行速度；（2）调零速度；（3）咬入速度；（4）轧制速度；（5）抛钢速度。

在钢板轧制时，轧机前、后相应辊道速度和主机速度连锁，以保证轧制过程正常进行。在平面形状控制道次，为保证轧件在辊缝中的位置跟踪精度，主机速度采用匀速控制方式。

2.2.5 推床控制

推床是中厚板轧钢生产线中必不可少的组成部分，在可逆轧机的前后各设有一对推床，其基本功能是推动钢板使其与轧机中心线对中，引导轧件正常轧制，同时可以辅助对轧件进行测宽。对于可逆中厚板轧机，在不同道次的轧制过程中，若钢板偏离轧机轧制中心线，则会出现钢板两侧厚差加大，偏离轧制中心线，产生侧弯现象，严重时可能飞出轨道，造成严重事故，所以必须保证钢板在每道次轧制过程中对称于轧机中心线。

推床采用液压驱动，正常情况下工作在位置控制方式，如果检测到实际压力超出极限值，为保护设备，推床控制切换到压力方式。

推床由推板和推杆、导向装置、推板前进油缸动力装置、推板后退油缸动力装置、齿轮齿条箱、同步杆装置、集中干油润滑系统、齿轮齿条润滑系统和电气设备等组成。推床推板的前进和后退分别由一个前进液压缸和一个后退液压缸带动传动箱，通过齿轮增速机构（齿轮齿条箱），带动齿条推杆来完成推床推板的开合、对中。推床推头和推杆采用焊接结构，它们之间的连接采用销连接，方便拆卸和安装。齿轮箱主要是为推床推头提供一个稳定的工作速度的装置，它由齿轮轴、导向装置和箱体等组成。导向装置是对推杆进行导向并实现推床推头对钢坯进行对中的装置，它由托辊、上压辊、侧压辊等组成。

推床在使用前需要进行标定，即利用液压缸内的位移传感器计算推床实际开口度，以实现推床的位置控制。推床的开口度用下式计算：

$$w = width_{zero} + \left[(pos_{os\_zero} - pos_{os\_act}) + (pos_{ds\_zero} - pos_{ds\_act}) \right] res \qquad (2\text{-}6)$$

式中　w——推床开口度；

$width_{zero}$——清零处对应宽度；

pos_{os_zero}——操作侧位移传感器清零处位置；

pos_{os_act}——操作侧位移传感器实际位置；

pos_{ds_zero}——传动侧位移传感器清零处位置；

pos_{ds_act}——传动侧位移传感器实际位置；

res——位移传感器分辨率。

推床清零宽度与实际宽度之间的对比关系如图 2-5 所示。

推床零点位置是推床两侧位置同步控制的依据，在标定时要严格保证两侧推床对称于轧制中心线，具体的标定步骤按如下方式实现：

（1）在推床单动模式下分别低速控制两侧推床距离轧制中心线位置相同；

（2）测量此时的推床开口度作为清零宽度；

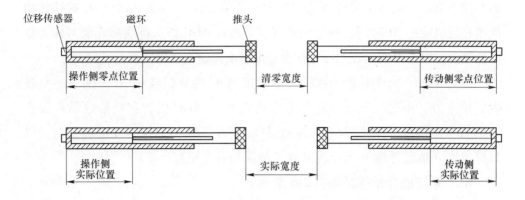

图 2-5　推床宽度计算示意图

（3）记忆两侧位移传感器的位置作为清零位置；

（4）将清零宽度、位移传感器的清零位置送至推床控制系统；

（5）按照公式计算推床实际开口度，完成标定过程。

2.2.6　AGC 工作方式

AGC 有两种工作方式：绝对 AGC 和相对 AGC。

相对 AGC 根据设定好的轧制规程表来决定每一道次轧制厚度，求解轧制力模型、厚度计模型和自适应模型，并以此来预摆辊缝，以便得到目标板厚。用相对 AGC 控制辊缝，钢板进入轧机后立即维持钢板厚度不变。

相对 AGC 起到减小同板差的作用，异板差的改善依赖于预设定模型的精度。在相对 AGC 中，只有当前馈轧制力刚好等于锁定轧制力时，才能使得实际厚度等于目标厚度。因此预设定的厚度精度主要取决于轧制力模型的精度。

绝对 AGC 的厚度精度取决于厚度计模型，可以避免由于轧制力模型精度低而造成的轧板厚度精度差的问题。在这种系统中，过程计算机同时向 AGC 提供目标厚度及预设定辊缝。并且应用厚度计原理，用 AGC 调整辊缝得到目标厚度。

实现绝对 AGC 的要点是：（1）开发高精度厚度计模型；（2）高精度测厚仪的在线测量及模型变量的数据处理；（3）另外，为了使板材两端和水印部位的厚度变化减为最小，必须实现控制系统的快速响应，采用液压系统是最好的选择。

相对 AGC：每个轧制道次的板厚设定值 h^* 为轧机咬钢 Δt 时间后经 n 次压

力和位移采样，负载辊缝计算值的厚度平均值，即 $h^* = \Sigma h / n$。AGC 的控制功能也在轧机咬钢 Δt 时间后参与辊缝调节。相对 AGC 以头部实际轧制力作为基准轧制力，以头部实际轧制厚度作为基准厚度设定，确保同板差良好。

绝对 AGC：每个轧制道次的板厚设定值 h^* 为轧机咬钢 Δt 时间后的负载辊缝设定值（由过程机预测轧制力计算出来），AGC 的控制功能也是在轧机咬钢 Δt 时间后参与辊缝调节。绝对 AGC 以预报轧制力作为基准轧制力，以目标厚度（成品厚度）为厚度基准，确保异板差良好。

AGC 系统的控制原理如图 2-6 所示。

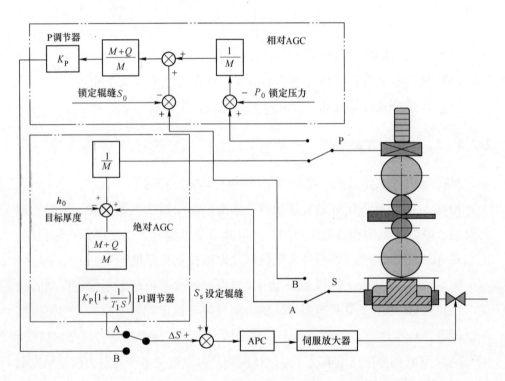

图 2-6　AGC 系统控制原理

为了获得良好的异板差和同板差，必须进行基于高精度 AGC 模型的液压压下位置控制。在前几道次采用相对 AGC，以获得比较准确的厚度信息；其余的道次在轧件咬入后，根据实际轧制力和预报轧制力的偏差程度，以及对异板差和同板差指标的偏重情况，选择绝对 AGC 或相对 AGC。当偏差在给定的限度内时，采用绝对 AGC，以提高每批料头几块钢的轧制精度，适应小批量、多品种的要求。

当轧件轧出后，以实测的轧制力 P 和实测的辊缝 S 计算出来的实际厚度，与目标厚度相比较，这种方法要求整个钢板都调到目标值。但如果由于空载辊缝设置不当，轧件头部的厚度已经与目标值差得较多的情况下，若要一定要求压下系统将钢板厚度调到 h_0，势必会造成压下系统负荷过大，同时也将把钢板调成楔形厚差，反而不利于钢板板形质量的提高。因此需将二者有机地结合起来，根据实际情况确定使用哪种方法。

采用 AGC 时，需要对轴承油膜厚度、轧辊偏心、轧辊热膨胀及磨损、轧件宽度、轧件头部及尾部等项进行动态补偿。轴承油膜厚度是轧制力、轧制速度及轧制加速度的函数，轧辊热膨胀及磨损则与累计轧制时间（或轧制长度）有关。

2.2.6.1 相对 AGC 控制模型

相对 AGC 一般在精轧的前几个道次采用。其锁定辊缝 S_0 和锁定压力 P_0 是轧机咬钢 Δt 时间后，n 次采样（采样时间为 $\Delta t'$）的算术平均值。不论钢板头部是否符合目标值，厚度控制系统都以头部的实际厚度为标准，作为给定厚度，钢板上各点的厚度以锁定厚度为基准，这样有利于得到均匀的钢板，确保同板差，防止压下较大造成板厚严重不均，给后几道次提高轧制精度造成困难。但此钢板的厚度不一定符合所要求的目标厚度。

图 2-7 为轧制力采样示意图，Δt 时间后可有效地避开头部较大的轧制力。轧制过程的轧制力曲线为典型的马鞍形，是由两处水印造成的。

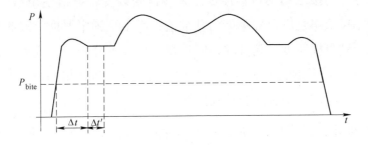

图 2-7　轧制力采样示意图

相对 AGC 的原理如图 2-8 所示。可用如下公式对相对 AGC 进行描述：

$$\Delta h = (S - S_0) + \frac{P - P_0}{M} \tag{2-7}$$

$$\Delta S_{AGC} = K_P \left(\frac{Q + M}{M} \right) \Delta h \tag{2-8}$$

式中 ΔS_{AGC}——AGC 调节量；

Q——轧件塑性系数；

M——机架弹性模量；

K_P——比例调节器放大系数。

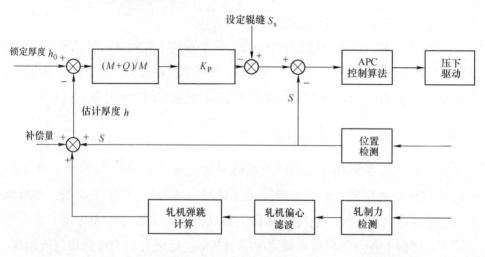

图 2-8 相对 AGC 系统方框图

2.2.6.2 绝对 AGC 控制模型

绝对 AGC（ABS-AGC）是以厚度计模型为基础，在控制中实测出轧制力和辊缝信号，间接求出与目标厚度之差，再去改变辊缝值使出口厚度恒定。可见这种厚控策略是以目标厚度为基准值，而不是锁定厚度，因此从理论上可以严格达到目标厚度，既可改善同板差又可改善异板差。这也是这种控制方式较相对 AGC 优越之处，在当今对质量要求越来越严格的形势下尤有实际意义，并被广泛应用到实际的轧机控制中。

根据 BISRA 厚度计公式 $h = S + \dfrac{P}{M} + \delta'$，由 L2 计算出的预报轧制力为 P_0，设目标厚度为 h_0，则有：

$$h_0 = S_0 + \frac{P_0}{M} + \delta' \tag{2-9}$$

式中 S_0——预设定辊缝；

δ'——补偿项。

因为要求实际轧制厚度 $h = h_0$，则：

$$S_0 + \frac{P_0}{M} = S + \frac{P}{M} \Leftrightarrow \frac{P_0 - P}{M} = -(S_0 - S) \tag{2-10}$$

经过程机计算后的 S_0 送到 APC 装置，同时 P_0、M 送给 AGC。AGC 和 APC 配合完成轧机的调整后开始咬入。轧板咬入后，虽然预报轧制力与实际轧制力存在误差，仍按式（2-10）控制 S 可以保持板厚 h_0 不变。

其控制模型如下所示，

$$h = S - S_0 - \frac{P_0}{M_0} + \frac{P}{M_0 k_b} - \Delta S_O - \Delta S_T + \Delta S_W$$

$$= S - S_0 - \frac{P_0}{M_0} + \frac{P}{M} - \Delta S_O - \Delta S_T + \Delta S_W \tag{2-11}$$

$$\Delta h = h^* - h = h^* - \left(S_0 - \frac{P_0}{M_0} + \frac{P}{M_0 k_b} - \Delta S_O - \Delta S_T + \Delta S_W\right)$$

$$= h^* - \left(S_0 - \frac{P_0}{M_0} + \frac{P}{M} - \Delta S_O - \Delta S_T + \Delta S_W\right) \tag{2-12}$$

$$M = M_0 k_b$$

$$\Delta S_{AGC} = K_P\left(\frac{Q + M}{M}\right)\left(\Delta h + \frac{1}{T_I}\int \Delta h \, dt\right) \tag{2-13}$$

绝对 AGC 的调节器往往采样 PI 方式，如图 2-9 所示。

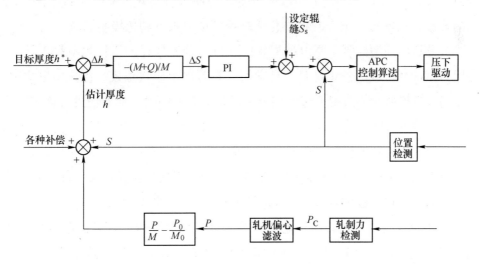

图 2-9 绝对 AGC 系统方框图

2.3 过程自动化控制系统

过程控制系统的中心任务是为轧机的各项控制功能进行设定计算，其核心功能是轧机的负荷分配和轧机控制参数的设定；另外，还必须通过模型自学习功能提高设定计算的精度。设定计算结果传递到基础自动化系统，由其具体控制执行。而为了实现其核心功能，过程控制系统必须设置数据通讯、实测数据处理、PDI 数据管理、跟踪管理（轧件位置跟踪、轧件数据跟踪）等为设定计算服务的辅助功能。另外过程控制系统还必须配备为生产过程服务的人机界面输出和工艺数据报表及记录等功能。

2.3.1 中厚板模型设定功能

世纪之交到 2004 年，RAL 与首钢、二重、自动化院等单位合作，承担国家重大装备研制项目"首钢 3500mm 中厚板轧机核心轧制技术和关键设备研制"，通过中厚板生产装备和工艺的自主创新和集成创新，实现了我国中厚板轧机核心技术的重大突破，为我国中厚板轧制生产线的技术改造和建设奠定了坚实基础。

由于厚板轧制工艺复杂、轧制节奏快、品种规格多、多道次反复轧制、温度等影响因素测量难、人工干预较多等，所以轧制规程的精确设定非常困难，就轧制规程的设定而言，厚板轧机比热连轧机困难得多。经过多年的潜心研发和技术积累，RAL 中厚板项目组对中厚板自动化控制系统进行多次完善与升级，目前已集成一套标准化的高精度中厚板自动化控制系统。

轧制过程模型控制主要由过程跟踪、负荷分配计算、坯料测温修正计算、阶段修正计算、道次修正计算、自学习计算等多个模块组成。在这些模块中，自学习计算模块对本块钢不起作用，仅仅是对模型中的一些参数进行修正，作用于下一块钢设定计算过程[10,11]。而坯料测温修正计算、道次修正计算和阶段修正计算属于轧制过程中的动态设定技术，即利用已获得的检测数据来对设定值进行修正。另外还有一些辅助功能模块，如轧制数据在操作台上的显示、操作台上人工干预、数据通讯、工程记录的归档以及异常情况处理等[2]。

轧制规程的计算，必须根据轧件的钢种和尺寸要求、设备的各种原始数据，以及轧制过程的各种工艺上的限制和要求，借助于各种数学模型方程，通过迭代计算算出轧制道次、道次压下量、轧制力、辊缝设定值和轧辊转速等参数。该轧制规程必须保证轧件的终轧厚度、终轧板形和温度在允许范围内。预计算需要调用大量的轧制数学模型，并且利用了较多的迭代算法。图2-10 中列出了其中主要的数学模型及其调用关系。

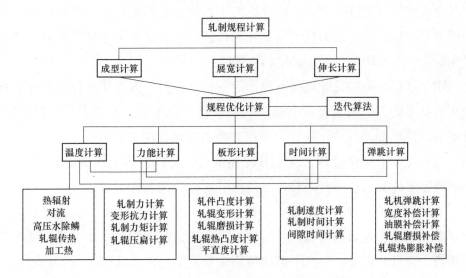

图 2-10 设定模型关系图

由于 PDI 提供的出炉温度可能有偏差，如果该温度与实际值差别较大，会使规程分配和设定值的计算产生较大偏差，所以需要根据一次待温区间和二次待温区间的两个测温仪数据来校正坯料出炉温度。模型主要功能如下：

（1）一次测温和二次测温实时数据处理。将采样的实时温度数据进行相应处理，然后判断数据的可靠性和可用性。

（2）出炉温度计算。综合一次测温数据、二次测温数据、PDI 开轧温度和开轧温度自学习值，计算出当前轧件的出炉温度。

（3）轧制规程的再计算。根据修正后的出炉温度重新计算轧制规程。

道次修正计算由过程跟踪触发。当轧件进入轧机进行轧制后，轧机上安装的压头、位移传感器等仪表检测到轧制力、辊缝等信息并传送给过程控制模型设定系统的测量值处理程序，测量值处理程序接受到足够信息进行相应数据处理，然后触发道次修正计算程序。道次修正计算的任务是校正轧制力计算误差，减小由轧制力计算不准而导致的厚度偏差。道次修正程序将实测的轧制力和预计算的轧制力比较，然后根据实测轧制力和预测轧制力间的误差修正变形抗力模型中与材质相关的系数，并对后续道次的轧制力进行修正，并根据弹跳方程重新调整后续道次的设定值，从而提高轧件的厚度精度。

负荷分配计算是指根据坯料的尺寸、钢种、轧辊直径、设备限制条件及工艺限制条件来设定各道次的轧制速度和出口轧件的目标尺寸，并由此计算出各道次的轧机辊缝。负荷分配计算的中心问题是制定轧件厚度在轧制过程中的减薄途径，从轧制来料板厚到轧制目标板厚有无数个不同的路径，要在其中确定一个减薄路径必须设定约束条件。

由于计算出来的轧制规程不能使设备负载超限，因此从操作稳妥和合理利用设备考虑，一般会指定各道次轧制负荷（压下量、轧制力、轧制力矩、轧制功率等）间的比值，将总负荷以适当的比例分配到各道次，避免负荷不均，同时也便于操作管理。负荷分配确定后就可以计算出相应的轧制规程，从而决定了轧制过程的状态特性。负荷分配的合理与否，对成材率、成品质量、轧制设备调整和事故的多少均有重要的影响。负荷分配方法中最常用的是：前几个道次为满负荷道次，尽量在许可能力范围内加大压下量，减少轧制道次，降低热损失；后几个道次特别是后三个道次为成型道次，需要满足比例凸度恒定的原则，如图 2-11 所示。

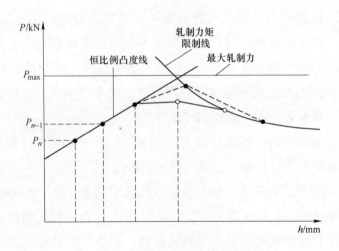

图 2-11　中厚板负荷分配恒比例凸度法

2.3.2　过程跟踪功能

过程跟踪从轧件等待出炉开始至加速冷却设备终止。相应的轧线跟踪区域划分和仪表布置见图 2-12（在图上并未标出热金属检测仪，其位置说明见表 2-1）。

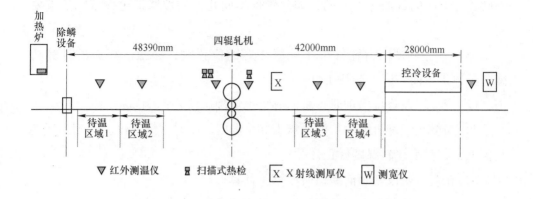

图 2-12 轧线跟踪区域划分和仪表布置

表 2-1 热金属检测仪位置与作用说明

仪表名称	安 装 位 置	作用及说明
点式 HMD1	除鳞设备前 2000mm	上升沿控制除鳞水开
点式 HMD2	除鳞设备后 800mm	待温摆动辊道 1 之左边界
点式 HMD3	除鳞设备后 11230mm	待温摆动辊道 1 之右边界
点式 HMD4	除鳞设备后 12830mm	待温摆动辊道 2 之左边界
点式 HMD5	除鳞设备后 22430mm	待温摆动辊道 2 之右边界
点式 HMD6	除鳞设备后 25430mm	2 待 1 轧时，轧区之左边界
点式 HMD7	冷却设备前 25800mm	2 待 1 轧时，轧区之右边界
点式 HMD8	冷却设备前 22800mm	待温摆动辊道 3 之左边界
点式 HMD9	冷却设备前 13200mm	待温摆动辊道 3 之右边界
点式 HMD10	冷却设备前 12200mm	待温摆动辊道 4 之左边界
点式 HMD11	冷却设备前 5000mm	控制冷却开，上升沿控制冷却开
点式 HMD12	冷却设备前 2200mm	待温摆动辊道 4 之右边界
点式 HMD13	冷却设备后 4000mm	控制冷却关，下降沿控制冷却关
扫描式 HMD1	轧机中心线前 5835mm	自动转钢完成确定，机前抛钢距离控制
扫描式 HMD2	轧机中心线前 5835mm	自动转钢完成确定
扫描式 HMD3	轧机中心线后 4300mm	机后抛钢距离控制

具体功能描述如下：

（1）位置跟踪。根据现场的仪表跟踪轧件在轧线上的物理位置。

（2）内存中数据区的管理。中厚板轧制过程在很多情况下需要进行控温轧制，以减少等待时间、加快轧制节奏，这样会造成轧制线上同时有多块钢。

不同轧件对应的数据是不同的，如何管理不同轧件的数据是过程跟踪的重要功能[3]。

（3）任务调度。当轧件位于轧线相应的位置时，会激活相应的计算功能。具体讲主要有以下激活事件：

1）当板坯在等待出炉时，激活等待出炉确认计算；

2）当板坯经过机前的待温区域 1 和待温区域 2 时，测温仪会检测到板坯的温度，并激活坯料温度修正计算；

3）在每一阶段轧制前激活阶段修正计算；

4）当道次轧制到中间并采集完道次实测数据后，激活道次修正计算；

5）当轧件轧制完毕，测到实测厚度后激活自学习计算；

6）当轧件在待温辊道上待温时，每隔相应的时间，根据实测温度激活待温时间计算；

7）根据轧制节奏判断是否应该出钢。

（4）数据输入和吊销。当轧件在轧制过程中发生错误时，过程跟踪要在内存中取消这块钢的数据，并做好相应记录。

2.3.3 自学习计算

轧件轧制完成最后一个道次，向机后运输，经过 X 射线测厚仪，检测到轧件的成品厚度，并由操作工通过界面输入该块轧件的目测板形结果，综合所有轧制道次的实测数据，调用自学习计算功能模块。自学习计算利用所有的实测数据，并根据预计算数据，对弹跳模型、轧制力模型、轧制力矩模型、开轧温度、板形修正系数进行自学习，得到新的模型自学习系数，用于下块轧件的计算[9]。

自学习计算的调用数据流图如图 2-13 所示。

2.3.4 道次修正

在轧件的每道次轧制过程中，安装在轧机上的压力传感器和位移传感器等检测仪表可以检测到轧制力、辊缝等实测值，对这些实测数据进行处理，并传递到设定计算功能模块，调用道次修正计算。道次修正计算根据实测数据和预计算数据的误差对轧制力模型系数进行修正，并根据弹跳方程重新调

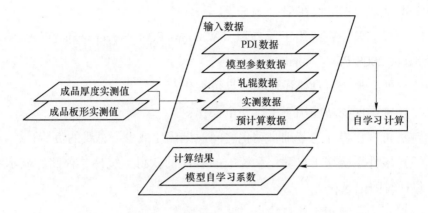

图 2-13　自学习计算的调用数据流图

整后续道次的辊缝设定值，从而提高轧件的厚度精度。

道次修正计算的调用数据流图如图 2-14 所示。

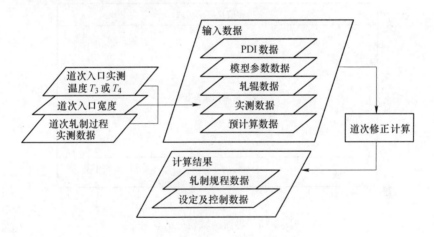

图 2-14　道次修正计算的调用数据流图

2.4　人机界面（HMI）系统

Win CC 可视化界面系统用作全厂基础和过程自动化系统的通用人机界面（HMI）。它是基于以太网连接基础自动化和过程自动化的服务器和客户机。图形基于标准图形接口。每个服务器负责区域或某个功能。服务器管理过程通讯、数据存储和与客户机的通讯。客户机用作操作员站。它们显示从服务器传来的数据，接受操作员的输入并传给相应的服务器。

HMI 概念的先进性在于：

（1）标准操作系统用于服务器（Windows 2008 Server）和客户机（Windows XP 或 2008 Professional）；

（2）使得整个自动化操作统一且可视化；

（3）密码保护功能用于工厂安全操作；

（4）可视化界面与基础自动化之间通讯优化减少了总线的负荷；

（5）事件系统用于自动化系统中的事件的获得、缓冲、存储、显示和分析，包括时间记录；

（6）报表系统用于信息输出。

存储带有很大显示范围和操作功能的测量值，用于绘制曲线。界面区域划分如图 2-15 所示。

图 2-15　界面区域划分示意图

全局和信息显示区域显示画面名称、登录用户和运行信息等信息。过程区域可以显示过程数据、操作窗口、跟踪信息等。功能键区域显示画面切换按钮。

2.4.1　显示分类

HMI 系统根据显示内容的不同可以划分如下：

（1）过程自动化；

（2）基础自动化；

（3）传动；

（4）介质；

（5）连锁；

（6）启动；

（7）事件系统。

2.4.2 过程自动化画面

过程自动化与操作人员的接口通过 HMI 终端进行。

过程自动化需要在 HMI 上显示或干预的重要参数如下：

（1）轧制规程及其设定值；

（2）下块钢的 PDI 数据和轧制规程；

（3）换辊后的轧辊参数输入；

（4）报警或错误功能显示；

（5）如果需要，修正板坯（或钢板）的数据信息；

（6）如果需要，修正钢板目标尺寸信息；

（7）如果需要，修正轧制策略；

（8）如果需要，输入板形反馈信息。

2.4.3 基础自动化画面

基础自动化与操作人员的接口通过 HMI 进行。需要显示和干预的信息包括：

（1）轧件的位置；

（2）重要原始数据；

（3）实际值；

（4）设定值；

（5）控制值；

（6）单元集合的状态（开/关/错误）；

（7）单元集合的操作模式。

2.4.4 集中监控功能画面

以下项目将集中显示在 HMI 上：

（1）所显示设备的状态条件；

（2）MCC 开关状态和远程控制开/关；

（3）主电机速度、电流和温度；

（4）重要辅助电机的速度、电流和温度；

（5）介质压力、液位和温度；

（6）其他维护信息，如错误信息和网络状态。

将在基本设计阶段确定最终设计。

2.4.5　传动画面

主传动和辅传动包括介质系统的主电机切换开关、变频和整流器切换开关。

传动显示界面上显示来自标准过程的数据，如速度、电流、错误信息和诊断（在 PLC 和变频/主传动间交换）。

2.4.6　介质画面

介质画面包括下面的介质系统，显示油箱、泵、过滤器、阀以及压力、温度等信息：

（1）润滑；

（2）高压水；

（3）液压。

2.4.7　事件系统画面

事件在事件系统中收集并存储（错误、关键状态、操作信息等）。这些事件以表单的形式顺序显示，可以打印输出。

在每个画面全局区有一个信息栏，输出最新的事件信息。

在事件信息管理页面可以调出所有事件，并可以上下翻页或根据不同的组合条件进行事件选择。

2.4.8　人机界面实例

人机界面实例如图 2-16 ~ 图 2-21 所示。

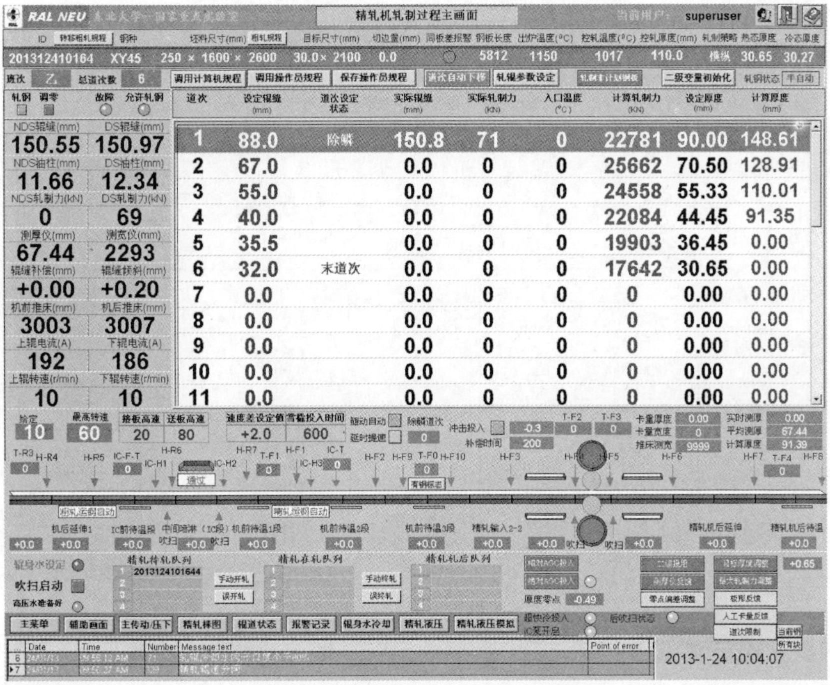

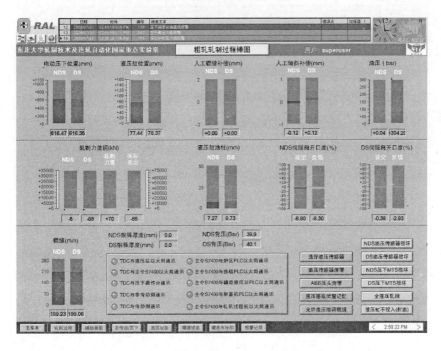

图 2-16　精轧轧制过程主画面

图 2-17　粗轧轧制过程棒图

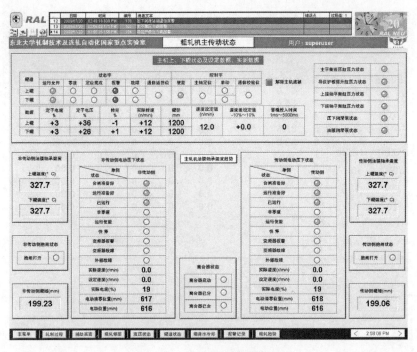

图 2-18　粗轧机主传动状态

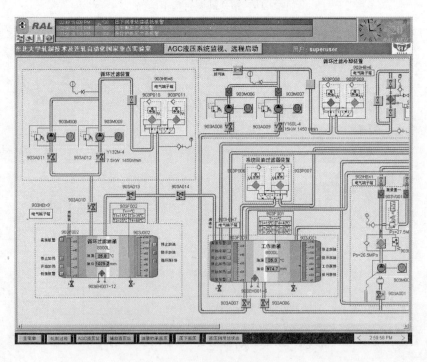

图 2-19　液压站监视

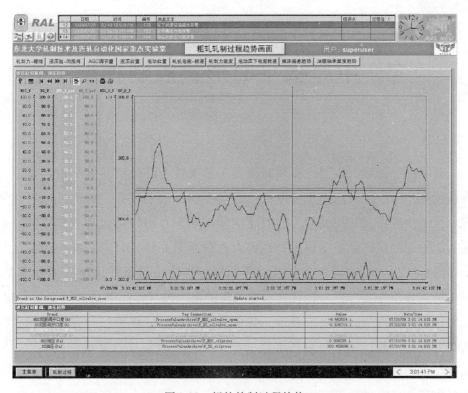

图 2-20　粗轧轧制过程趋势

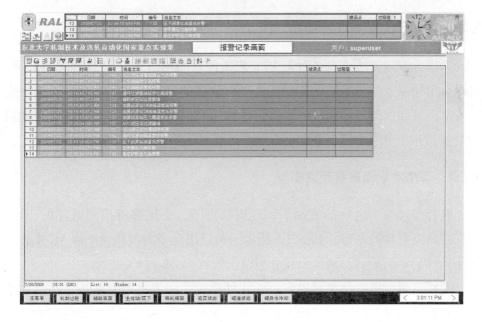

图 2-21　报警记录

3 中厚板平面形状控制模型

要实现平面形状控制，必须对正常工艺条件下终轧产品的平面形状进行准确预测，再以该预测结果为基础，得到准确的控制模型。国内外已经对平面形状的预测模型和控制模型进行了大量的研究，可以通过实验的方法，根据实测数据回归得到数学模型；也可以通过有限元模拟计算，并对模拟计算结果进行回归。通过实验方法可以得到针对具体实验条件比较准确的模型，但现场实验条件要求较高，且会影响正常的生产过程，如果只进行少量实验，无法保证回归模型的精度。有限元数值模拟方法可以作为一种替代现场实验的研究方法，通过建立与现场类似的模拟条件，得到比较准确的模型[16~20]。轧制技术及连轧自动化国家重点实验室在中厚板平面形状控制的理论研究方面开展了大量工作，下面进行详细介绍。

3.1 平面形状预测理论模型

采用有限元方法，对各种轧制工艺条件下的单道次轧制过程进行计算，可以得出轧制条件与单道次轧后轧件平面形状的定量关系。从计算结果中提取头部凸形和边部凹形曲线的数据，选取适当的公式进行回归分析，得到回归公式，并在单道次模型基础上推导多道次平面形状预测数学模型[12~15]。

3.1.1 单道次平面形状预测模型

轧件经过一个道次的轧制后，理想状态下，头尾部将出现对称的凸形，边部将出现对称的凹形，如图 3-1 所示。可以用两个曲线段 AB 和 AC 来表示整个轧件的平面形状。两段曲线分别以函数 $f(y)$ 和 $g(x)$ 表示。

分析有限元模拟结果可以看出，轧件厚度、压下率是影响头部凸形和边部凹形曲线最重要的因素，因此回归公式中必须考虑这两个变量的影响。压下率的公式为：

$$r = \frac{H - h}{H} \tag{3-1}$$

而接触弧长的公式为：

$$l = \sqrt{R'(H - h)} \tag{3-2}$$

如果将 $l \times r$ 作为变量进行回归，将可同时考虑压下率和轧件厚度的影响。实际上，压下率和接触弧长的乘积近似相当于轧制过程中变形的体积与当前区域体积的比值，因此采用此变量综合考虑压下率和轧件厚度对头部凸形和边部凹形曲线的影响也是符合实际物理意义的。为方便叙述，定义：

$$S = l \times r \tag{3-3}$$

由前述分析可知，S 与头部凸形和边部凹形值的关系是线性的，因此采用一次多项式表示它们之间的关系。头部凸形和边部凹形值与长度和宽度坐标的函数关系也采用多项式表示，此多项式可以是二次以上的任意多项式。在应用回归公式计算平面形状时，对于轧件长度和宽度小于回归算例长度和宽度的轧制条件，只要根据实际轧件长度和宽度截取回归公式所计算出的曲线中适当的部分即可；而对于轧件长度和宽度大于回归算例长度和宽度的轧制条件，将头部凸形最大值或边部凹形最小值水平延伸即可[21,22]。最终的回归公式形式如式（3-4）和式（3-5）所表述，其中坐标系和函数的几何意义如图 3-1 所示。

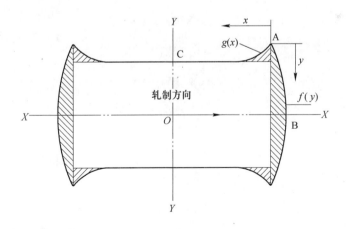

图 3-1　轧后轧件平面形状示意图

头部凸形曲线回归公式：

$$\begin{cases} f(y) = a_1 S \cdot (b_1 y + b_2 y^2 + b_3 y^3 + b_4 y^4 + b_5 y^5 + b_6 y^6) & y \leqslant 1000(\text{mm}) \\ f(y) = f(1000) & y > 1000(\text{mm}) \end{cases}$$

$$(3\text{-}4)$$

边部凹形曲线回归公式:

$$\begin{cases} g(x) = c_1 S \cdot (d_0 + d_1 x + d_2 x^2 + d_3 x^3 + d_4 x^4 + d_5 x^5 + d_6 x^6) & x \leqslant 1000(\text{mm}) \\ g(x) = g(1000) & x > 1000(\text{mm}) \end{cases}$$

$$(3\text{-}5)$$

其中回归系数分别为:

$$a_1 = 3.18216 \times 10^{-15}$$

$$b_1 = 1.48630 \times 10^{12}$$

$$b_2 = -3.26378 \times 10^{9}$$

$$b_3 = 4.17656 \times 10^{6}$$

$$b_4 = -3.15288 \times 10^{3}$$

$$b_5 = 1.30890 \times 10^{0}$$

$$b_6 = -2.37737 \times 10^{-4}$$

$$c_1 = 4.37193 \times 10^{-15}$$

$$d_0 = 1.38742 \times 10^{14}$$

$$d_1 = -9.34878 \times 10^{11}$$

$$d_2 = 3.06381 \times 10^{9}$$

$$d_3 = -5.60927 \times 10^{6}$$

$$d_4 = 5.69812 \times 10^{3}$$

$$d_5 = -2.97963 \times 10^{0}$$

$$d_6 = 6.23703 \times 10^{-4}$$

图 3-2 为轧件厚度为 200mm 时, 不同压下率条件下有限元计算值和回归公式计算值的对比。可以看出, 回归公式计算值对有限元计算值的近似程度很高。

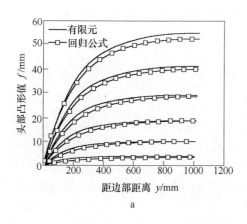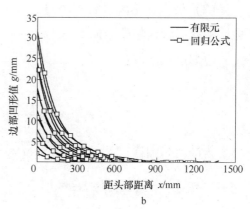

图 3-2　有限元计算曲线和回归公式计算曲线比较

a—头部形状；b—边部形状

3.1.2　多道次平面形状预测模型

在单道次平面形状预测模型的基础上，对轧制过程各阶段多道次轧制过程的平面形状进行累积和补合处理，推导得到不同阶段后多道次平面形状预测模型。具体推导过程不再详述，各阶段的平面形状预测模型如下：

（1）成型轧制阶段后。经过 n_1 道次成型轧制后，平面形状预测模型如下：

边部形状函数：

$$G(x)_S = \sum_{i=1}^{n_1} g\left(\frac{R_{Si}}{R_{Sn_1}}x\right)_{Si} \tag{3-6}$$

头部形状函数：

$$F(y)_S = \frac{\sum_{i=1}^{n_1} h_{Si} f(y)_{Si}}{h_S} \tag{3-7}$$

式中　　h_{Si}——成型阶段第 i 道次后的轧件厚度；

　　　　h_S——成型阶段结束时的轧件厚度，即 $h_S = h_{Sn_1}$；

　　　　R_{Si}——成型阶段第 i 道次延伸系数，等于第 i 道次后的轧件长度与成型阶段坯料长度的比值，如式（3-8）所示：

$$R_{Si} = \frac{l_{Si}}{l_{S0}} \tag{3-8}$$

（2）展宽轧制阶段后。经过 n_1 道次成型轧制，再经过 n_2 道次展宽轧制后，平面形状预测模型如下：

边部形状函数：

$$G(x)_B = \frac{h_S G(x)_{S n_1}}{h_B} + \frac{\sum_{i=1}^{n_2} h_{Bi} f(x)_{Bi}}{h_B} \tag{3-9}$$

头部形状函数：

$$F(y)_B = F\left(\frac{y}{R_{B n_2}}\right)_{S n_1} + \sum_{i=1}^{n_2} g\left(\frac{R_{Bi}}{R_{B n_2}} y\right)_{Bi} \tag{3-10}$$

式中　h_{Bi}——展宽阶段第 i 道次后的轧件厚度；

h_B——展宽阶段结束时的轧件厚度，即 $h_B = h_{B n_2}$；

R_{Bi}——展宽阶段第 i 道次展宽系数，等于第 i 道次后的轧件宽度与展宽阶段开始道次轧件宽度的比值，如式（3-11）所示：

$$R_{Bi} = \frac{w_{Bi}}{w_{B0}} \tag{3-11}$$

（3）延伸轧制阶段后。经过 n_1 道次成型轧制、n_2 道次展宽轧制，再经过 n_3 道次延伸轧制后，平面形状预测模型如下：

边部形状函数：

$$G(x)_F = G\left(\frac{x}{R_{F n_3}}\right)_{B n_2} + \sum_{i=1}^{n_3} g\left(\frac{R_{Fi}}{R_{F n_3}} x\right)_{Fi} \tag{3-12}$$

头部形状函数：

$$F(y)_F = \frac{h_B F(y)_{B n_2}}{h_{F n_3}} + \frac{\sum_{i=1}^{n_3} h_{Fi} f(y)_{Fi}}{h_{F n_3}} \tag{3-13}$$

式中　h_{Fi}——延伸阶段第 i 道次后的轧件厚度；

h_F——延伸阶段结束时的轧件厚度，即 $h_F = h_{F n_3}$；

R_{Fi}——延伸阶段第 i 道次的延伸系数，等于第 i 道次后的轧件长度与延伸阶段开始道次的轧件长度的比值，如式（3-14）所示：

$$R_{Fi} = \frac{l_{Fi}}{l_{F0}} \tag{3-14}$$

如果将式（3-6）、式（3-7）、式（3-9）、式（3-10）代入式（3-12）和

式（3-13）中，则经过 n_1 道次成型轧制、n_2 道次展宽轧制和 n_3 道次延伸轧制后的平面形状预测模型如下：

边部形状函数：

$$G(x)_{\mathrm{F}} = \frac{h_{\mathrm{S}}}{h_{\mathrm{B}}} \sum_{i=1}^{n_1} g\left(\frac{R_{\mathrm{S}i}}{R_{\mathrm{S}n_1}} \times \frac{x}{R_{\mathrm{F}n_3}} \right)_{\mathrm{S}i} + \frac{1}{h_{\mathrm{B}}} \sum_{i=1}^{n_2} h_{\mathrm{B}i} f\left(\frac{x}{R_{\mathrm{F}n_3}} \right)_{\mathrm{B}i} + \sum_{i=1}^{n_3} g\left(\frac{R_{\mathrm{F}i}}{R_{\mathrm{F}n_3}} x \right)_{\mathrm{F}i}$$

$$(3\text{-}15)$$

头部形状函数：

$$F(y)_{\mathrm{F}} = \frac{h_{\mathrm{B}}}{h_{\mathrm{F}} h_{\mathrm{S}}} \sum_{i=1}^{n_1} h_{\mathrm{S}i} f\left(\frac{y}{R_{\mathrm{B}n_2}} \right)_{\mathrm{S}i} + \frac{h_{\mathrm{B}}}{h_{\mathrm{F}}} \sum_{i=1}^{n_2} g\left(\frac{R_{\mathrm{B}i}}{R_{\mathrm{B}n_2}} y \right)_{\mathrm{B}i} + \frac{1}{h_{\mathrm{F}}} \sum_{i=1}^{n_3} h_{\mathrm{F}i} f(y)_{\mathrm{F}i}$$

$$(3\text{-}16)$$

式（3-15）和式（3-16）中，相加的三项分别表示了轧制过程三个阶段对最终成品边部形状和头部形状的影响。在现场实际生产过程中，如果采用展宽和延伸两阶段轧制，则最终产品的平面形状预测模型可以忽略式（3-15）和式（3-16）中的第一项，结果如下式所示：

边部形状函数：

$$G(x)_{\mathrm{F}} = \frac{1}{h_{\mathrm{B}}} \sum_{i=1}^{n_2} h_{\mathrm{B}i} f\left(\frac{x}{R_{\mathrm{F}n_3}} \right)_{\mathrm{B}i} + \sum_{i=1}^{n_3} g\left(\frac{R_{\mathrm{F}i}}{R_{\mathrm{F}n_3}} x \right)_{\mathrm{F}i} \qquad (3\text{-}17)$$

头部形状函数：

$$F(y)_{\mathrm{F}} = \frac{h_{\mathrm{B}}}{h_{\mathrm{F}}} \sum_{i=1}^{n_2} g\left(\frac{R_{\mathrm{B}i}}{R_{\mathrm{B}n_2}} y \right)_{\mathrm{B}i} + \frac{1}{h_{\mathrm{F}}} \sum_{i=1}^{n_3} h_{\mathrm{F}i} f(y)_{\mathrm{F}i} \qquad (3\text{-}18)$$

3.2 平面形状控制模型

根据平面形状的预测模型，在相应道次进行变厚度轧制控制，以实现最终产品的矩形化。

3.2.1 成型阶段平面形状控制模型

为了控制边部形状，在成型阶段的末道次进行变厚度轧制控制：当边部形状为凸形时，应该控制成型阶段末道次轧件形状为头尾厚、中间薄，如图3-3a 所示，控制模型为式（3-19），如图 3-4a 中曲线 1 所示。当边部形状为凹形时，应该控制成型阶段末道次轧件形状为头尾薄、中间厚，如图 3-3b 所示，控制模型为式（3-20），如图3-4a中曲线2所示。

$$\Delta h_{\mathrm{S}}(x) = 2h_{\mathrm{S}} \frac{G(l_{\mathrm{F}}/2)_{\mathrm{F}} - G(R_{\mathrm{F}}x)_{\mathrm{F}}}{w_{\mathrm{S}}} \tag{3-19}$$

$$\Delta h_{\mathrm{S}}(x) = -2 \frac{h_{\mathrm{S}} G(R_{\mathrm{F}}x)_{\mathrm{F}}}{w_{\mathrm{S}}} \tag{3-20}$$

式中　　x——成型阶段末道次，轧件平面形状控制部分某点距头部的距离；

　$\Delta h_{\mathrm{S}}(x)$——该点厚度与轧件标准厚度相比的厚度变化量；

　h_{S}，w_{S}——成型阶段结束时的轧件厚度和宽度；

　l_{F}，R_{F}——延伸轧制结束时的轧件长度和延伸系数。

3.2.2　展宽阶段平面形状控制模型

为了控制头尾部形状，在展宽阶段的末道次进行变厚度轧制控制：当头尾部形状为凸形时，应该控制展宽阶段末道次的轧件形状为头尾厚、中间薄，如图3-3a所示，控制模型为式（3-21），如图3-4b中曲线1所示。当头尾部形状为凹形时，应该控制展宽阶段末道次的轧件形状为头尾薄、中间厚，如图3-3b所示，控制模型为式（3-22），如图3-4b中曲线2所示。

$$\Delta h_{\mathrm{B}}(y) = 2h_{\mathrm{F}} \frac{F(w_{\mathrm{F}}/2)_{\mathrm{F}} - F(y)_{\mathrm{F}}}{l_{\mathrm{B}}} \tag{3-21}$$

$$\Delta h_{\mathrm{B}}(y) = -2 \frac{h_{\mathrm{F}} F(y)_{\mathrm{F}}}{l_{\mathrm{B}}} \tag{3-22}$$

式中　　y——展宽阶段末道次，轧件平面形状控制部分某点距边部的距离；

　$\Delta h_{\mathrm{B}}(y)$——该点厚度与轧件标准厚度相比的厚度变化量；

　h_{F}，w_{F}——延伸阶段结束时的轧件厚度和宽度；

　l_{B}——展宽轧制结束时的轧件长度。

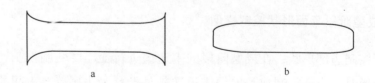

图3-3　平面形状控制示意图

a—头尾厚、中间薄；b—头尾薄、中间厚

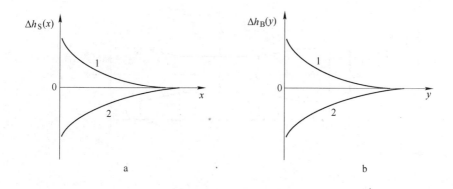

图 3-4 平面形状控制模型

a—成型阶段；b—展宽阶段

3.2.3 在线控制模型的简化

前面介绍了通过数值模拟方法建立的平面形状预测模型和控制模型，最终控制模型为式（3-19）~式（3-22），厚度变化量 Δh 在厚度发生变化的长度区间内与长度成复杂的非线性关系。如果按照该理论模型进行在线控制，无法保证控制的精度。在线应用时，可以进行简化，将厚度变化区间内厚度变化量与长度简化成线性关系，只需要确定厚度变化量 $\Delta h'$ 和厚度改变的长度区间 l'，如图 3-5 所示。l' 和 $\Delta h'$ 确定的体积应该与理论模型计算结果确定的体积相等。

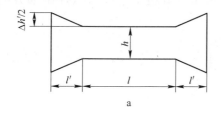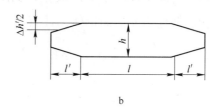

图 3-5 在线平面形状控制简化图

a—头尾厚、中间薄；b—头尾薄、中间厚

在上述简化控制模型的基础上，为了保证现场控制的稳定性，在轧件的头尾各增加一段稳定段，最终在线控制示意图如图 3-6 所示。

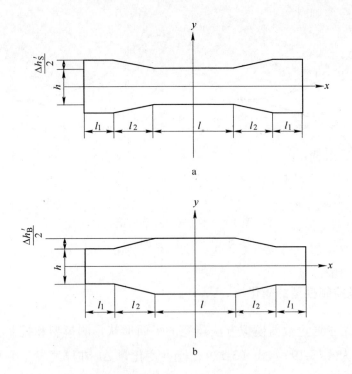

图 3-6 在线平面形状控制示意图

a—头尾厚、中间薄；b—头尾薄、中间厚

（1）成型阶段平面形状控制参数确定：当 $\Delta h_S(x)$ 值小于一个很小的数，即理论计算的厚度改变量近似为零时，认为 $x = l', \Delta h_S(l') \approx 0$。在 l' 长度范围内，将理论控制模型离散化，如图 3-7 所示，将用于平面形状控制部分的体积离散化为 n 个矩形体，计算如下式：

$$\Delta V = \sum_{i=1}^{n} \left[\frac{1}{2} \Delta h_S\left(\frac{i}{n}l'\right)\frac{l'}{n} \right] \tag{3-23}$$

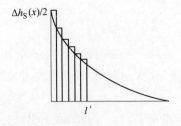

图 3-7 理论模型体积计算

对应在线控制时的平面形状控制体积计算如下式：

$$\Delta V = \frac{1}{2} \times \frac{\Delta h'_S}{2} l' \tag{3-24}$$

在线控制体积应与理论计算体积相等，有下式成立：

$$\frac{1}{2} \times \frac{\Delta h'_S}{2} l' = \sum_{i=1}^{n} \left[\frac{1}{2} \Delta h_S \left(\frac{i}{n} l' \right) \frac{l'}{n} \right] \tag{3-25}$$

整理上式得到：

$$\Delta h'_S = \frac{2}{n} \sum_{i=1}^{n} \Delta h_S \left(\frac{i}{n} l' \right) \tag{3-26}$$

（2）展宽阶段平面形状控制参数确定：展宽阶段平面形状控制参数的确定与成型阶段类似，当 $\Delta h_B(y)$ 值小于一个很小的数，即理论计算的厚度改变量近似为零时，认为 $y = l'$，$\Delta h_B(l') \approx 0$。$\Delta h'_B$ 的计算公式推导过程与成型阶段类似，公式如下：

$$\Delta h'_B = \frac{2}{n} \sum_{i=1}^{n} \Delta h_B \left(\frac{i}{n} l' \right) \tag{3-27}$$

3.2.4 轧制时间的确定

根据简化模型确定图 3-6 中的轧件各段尺寸，在实际控制过程中必须保证轧件两端的楔形段对称，否则在轧件转钢后继续轧制时就会出现侧弯现象。在平面形状控制道次，轧辊匀速转动，必须准确控制各段的轧制时间，才能得到预期对称的楔形形状。轧制时间的计算需要考虑轧制过程中存在的前滑现象，即轧制过程中轧件出口速度大于轧辊线速度。必须有准确的前滑计算，才能计算得到针对各段长度的准确轧制时间。

3.2.4.1 前滑模型的确定

前滑公式的推导在有关文献中有详细介绍，经过简化后的通用形式为：

$$f = \frac{\gamma^2}{h} R \tag{3-28}$$

式中　f——轧制过程的前滑值；

　　　γ——轧制过程的中性角（此处轧件速度等于轧辊水平分速度）；

　　　R——轧制过程的轧辊半径；

h——轧件出口厚度。

中厚板轧制过程轧件温度很高，轧件与轧辊的摩擦系数很大，故在计算轧制力时一般都采用考虑全黏着条件的西姆斯公式，实践证明用该公式计算中厚板热轧过程的轧制力有较高的精度。将西姆斯公式推导过程中得到的中性角计算式（3-29）代入式（3-28），可以得到考虑全黏着条件下的前滑式（3-30）。该公式不需要再考虑摩擦系数的变化，在保证计算精度的前提下，简化了计算过程。

$$\gamma = \sqrt{\frac{h}{R}}\tan\left[\frac{\pi}{8}\sqrt{\frac{h}{R}}\ln(1-r) + \frac{1}{2}\arctan\sqrt{\frac{r}{1-r}}\right] \tag{3-29}$$

$$f = \left\{\tan\left[\frac{\pi}{8}\sqrt{\frac{h}{R}}\ln(1-r) + \frac{1}{2}\arctan\sqrt{\frac{r}{1-r}}\right]\right\}^2 \tag{3-30}$$

式中　r——轧制过程的压下率，计算如下：

$$r = \frac{H-h}{H} \tag{3-31}$$

式中　H——轧件的入口厚度。

3.2.4.2　楔形段轧制时间计算

由前滑模型式（3-30）可知，前滑值的主要影响因素包括轧辊半径 R、轧件入口厚度 H 和轧件的出口厚度 h。在轧制轧件的楔形段时，轧件的入口厚度 H 是定值，轧辊半径 R 的变化很小，可以认为是定值，因此轧件出口厚度 h 的变化是影响前滑值的主要因素，即前滑值 f 可以表示为出口厚度 h 的函数：

$$f = \left\{\tan\left[\frac{\pi}{8}\sqrt{\frac{h}{R}}\ln\left(\frac{h}{H}\right) + \frac{1}{2}\arctan\sqrt{\frac{H}{h}-1}\right]\right\}^2 \tag{3-32}$$

由前滑的定义可知，轧件的速度计算如下：

$$v = v_R(1+f) \tag{3-33}$$

式中　v——轧制过程的轧件出口速度；

v_R——轧制过程的轧辊线速度。

在平面形状控制道次，轧辊的转速固定不变，即 v_R 为定值，则由式（3-32）和式（3-33）可知，在轧制轧件的楔形段时，轧件的出口速度 v 也是轧件出口厚度 h 的函数：

$$v = v_R \left\{ 1 + \left\{ \tan\left[\frac{\pi}{8} \sqrt{\frac{h}{R}} \ln\left(\frac{h}{H} \right) + \frac{1}{2} \arctan \sqrt{\frac{H}{h} - 1} \right] \right\}^2 \right\} \qquad (3\text{-}34)$$

在轧件的楔形段轧制过程中，轧件的出口厚度 h 为轧件完成长度 l 的函数，如图 3-8 所示：

$$h = h_0 + \alpha l \qquad (3\text{-}35)$$

式中 α——楔形段的斜率。

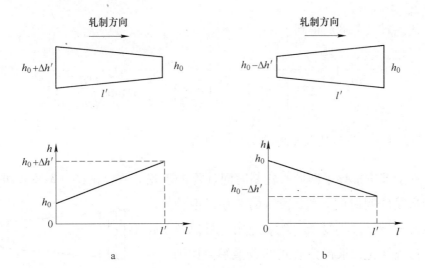

图 3-8 楔形段形状函数

对应图 3-8a、b 两种情况，α 的取值分别为：$\alpha = \dfrac{\Delta h'}{l'}$ 和 $\alpha = \dfrac{-\Delta h'}{l'}$。

将式（3-35）代入式（3-34）中，轧件的出口速度 v 可以表示为轧制完成楔形段长度 l 的函数：

$$v = v_R \left\{ 1 + \left\{ \tan\left[\frac{\pi}{8} \sqrt{\frac{h_0 + \alpha l}{R}} \ln\left(\frac{h_0 + \alpha l}{H} \right) + \frac{1}{2} \arctan \sqrt{\frac{H}{h_0 + \alpha l} - 1} \right] \right\}^2 \right\}$$

$$(3\text{-}36)$$

在轧制 l 长度的楔形段时，轧制时间 t 的计算如下：

$$t = \int_0^l \frac{\mathrm{d}l}{v(l)} \qquad (3\text{-}37)$$

将式（3-36）代入上式，得到：

$$t = \frac{1}{v_R} \int_0^l \frac{\mathrm{d}l}{1 + \left\{ \tan\left[\frac{\pi}{8} \sqrt{\frac{h_0 + \alpha l}{R}} \ln\left(\frac{h_0 + \alpha l}{H} \right) + \frac{1}{2}\arctan \sqrt{\frac{H}{h_0 + \alpha l} - 1} \right] \right\}^2}$$

$$(3\text{-}38)$$

求解出口厚度 h 与时间 t 的关系, 由式 (3-35) 可以得到:

$$l = \frac{h - h_0}{\alpha} \tag{3-39}$$

代入式 (3-38) 得到:

$$t = \frac{1}{\alpha v_R} \int_0^{\frac{h-h_0}{\alpha}} \frac{\mathrm{d}h}{1 + \left\{ \tan\left[\frac{\pi}{8} \sqrt{\frac{h}{R}} \ln\left(\frac{h}{H} \right) + \frac{1}{2}\arctan \sqrt{\frac{H}{h} - 1} \right] \right\}^2} \tag{3-40}$$

3.2.4.3 楔形段轧制时间的工程计算

在上节中推导了楔形段轧制时间计算的理论公式, 由式 (3-38) 可以得到楔形段轧制时间 t 和长度 l 的关系。但使用该公式计算过程复杂, 现场应用时可以考虑通过离散化, 求得该公式的数值解。如图3-9 所示, 将楔形段离散成 n 段, 总轧制时间的计算如下:

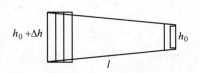

图 3-9 楔形段轧制时间计算

$$t = \sum_{i=1}^{n} \frac{\frac{l}{n}}{v\left(\frac{i}{n}l \right)} \tag{3-41}$$

即:

$$t = \frac{1}{v_R} \times \frac{l}{n} \sum_{i=1}^{n}$$

$$\frac{1}{1 + \left\{ \tan\left\{ \frac{\pi}{8} \sqrt{\frac{h_0 + \alpha\left(\frac{i}{n}l \right)}{R}} \ln\left[\frac{h_0 + \alpha\left(\frac{i}{n}l \right)}{H} \right] + \frac{1}{2}\arctan \sqrt{\frac{H}{h_0 + \alpha\left(\frac{i}{n}l \right)} - 1} \right\} \right\}^2}$$

$$(3\text{-}42)$$

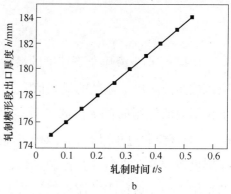

下面计算如表3-1所示参数条件的楔形段轧制时间，将楔形段离散成10段进行计算，计算结果见表3-2，累计轧制时间 t 和轧制楔形段长度 l 以及累计轧制时间 t 和楔形段出口厚度 h 的关系如图3-10所示。

表3-1 计算参数

轧辊半径	轧辊速度 v_R	轧件入口厚度	轧件正常出口厚度	楔形段高度	楔形段长度
R/mm	/mm·s^{-1}	H/mm	h/mm	Δh/mm	l/mm
500	942	200	175	10	500

表3-2 计算结果数据

离散段号	到头部距离 l	出口厚度 h	前滑值	轧件出口速度 v	该段轧制时间	累计轧制时间
i	/mm	/mm	f	/mm·s^{-1}	t_i/s	t/s
1	50	175	0.0227	963.4230	0.05190	0.05190
2	100	176	0.0220	962.6818	0.05194	0.10384
3	150	177	0.0212	961.9348	0.05198	0.15582
4	200	178	0.0204	961.1819	0.05202	0.20783
5	250	179	0.0196	960.4227	0.05206	0.25989
6	300	180	0.0187	959.6569	0.05210	0.31200
7	350	181	0.0179	958.8842	0.05214	0.36414
8	400	182	0.0171	958.1042	0.05219	0.41633
9	450	183	0.0163	957.3166	0.05223	0.46856
10	500	184	0.0154	956.5209	0.05227	0.52083

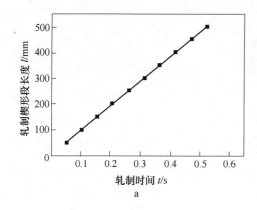

图3-10 楔形段轧制过程

a—轧制时间与楔形段长度的关系；b—轧制时间与楔形段出口厚度的关系

由数据表及图可知，轧制楔形段过程中，楔形段长度和厚度基本都随时间线性变化，出口厚度的变化对轧件速度和辊缝改变速度的影响较小，在现场控制过程中，轧制楔形段时辊缝的设定值可以近似取为线性变化。

3.2.5 平面形状控制参数的确定

3.2.5.1 控制参数初始值的确定

平面形状控制道次为了保证轧件头尾楔形的对称，以一个稳定的轧辊转速进行轧制，不进行轧制过程的升速、稳定轧制和减速的速度控制。在轧制如图 3-6 所示的平面形状控制道次时，根据设定的轧辊转速 n、轧辊半径 R 可以得到轧辊的线速度 v_R，由楔形段尺寸，根据式（3-42）可以计算得到轧制楔形段的时间 t'。中间稳定段 l 的轧制时间 t 也可以很容易求出。辊缝的设定计算利用弹跳方程，根据轧件出口厚度的变化计算得到相应的辊缝设定：对应中间正常出口厚度处的辊缝设定值为 S，楔形顶点的辊缝设定值为 S'。在轧制楔形段过程中，在 t' 时间内，辊缝由 S' 变化到 S。

3.2.5.2 控制参数的极限值检查

在确定了以上的控制参数初始值后，必须对液压的压下速度进行极限值检查。液压的压下速度计算如下：

$$v_S = \frac{S' - S}{t'} \tag{3-43}$$

如果 v_S 小于液压压下速度的最大值 v_{Smax}，则该控制过程是可行的；否则应该按照液压压下速度的最大值 v_{Smax}，计算轧辊转速 n，降低轧辊转速，以增加楔形段的轧制时间 t'。如果调整后的轧辊转速 n 大于轧辊转速的最小值 n_{min}，则该控制过程可行；否则令轧辊转速 $n = n_{min}$，计算厚度改变量 $\Delta h'$，减小厚度改变量，重新计算控制参数，直到液压压下速度和轧辊转速都在极限值范围以内。该过程的流程图如图 3-11 所示。

通过极限值检查和修正后，确定最终的平面形状控制参数。对应图 3-6a、b 两种情况，控制过程的参数分别如图 3-12a、b 所示。

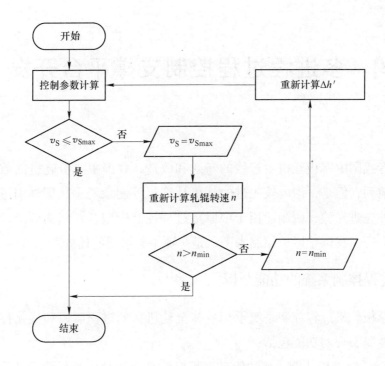

图 3-11 平面形状控制参数的检查修正流程图

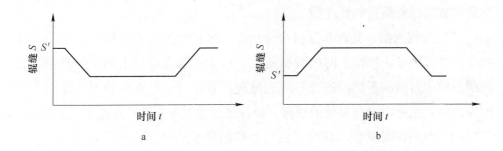

图 3-12 平面形状控制过程

4 多进程过程控制支撑平台开发

随着我国中厚板轧机生产线的新建和改造，我国中厚板轧机的数量已位于世界前列，但是，国内较先进的轧机计算机控制系统多从国外引进。消化吸收国外先进经验，研制适用于中厚板过程控制模型开发和调试的计算机软件平台，提高我国中厚板控制水平，是一项十分迫切的任务。

4.1 过程控制系统的功能分析

中厚板轧机过程控制系统承担着整个轧机区的过程监视和优化控制的任务，其需要实现的功能包括：

（1）系统维护功能。该功能对过程控制系统的整体进行管理和维护，包括过程机各功能模块的启动、停止，各功能模块的调用机制，以及系统运行信息和故障报警信息的管理等。

（2）数据通讯、处理和数据管理功能。过程机与计算机控制系统的其他组成部分之间必须保证实时的数据通讯。对于由通讯传递来的实时数据，必须根据使用目的的不同而进行不同的处理。另外对于过程机的内部数据及数据库数据，也必须进行有效的管理，以保证过程控制系统功能的实现。

（3）轧件跟踪功能。该功能是过程控制系统的中枢，包括对轧件位置的跟踪和对轧件数据的跟踪。通过轧件跟踪可以在生产过程中为操作工显示正确的信息，包括轧件位置、状态和相关的工艺参数，同时还可以为设定计算和全自动轧钢的逻辑控制等准备相应的数据。另外可以依据轧件跟踪信息触发相应的程序，对过程控制系统的功能模块进行调度。准确的轧件跟踪是整个过程控制系统各项功能投入的前提。

（4）设定计算功能。该功能是过程控制系统的核心。以轧制过程的数学模型为基础，通过轧制规程分配计算、板形和板凸度控制参数计算、平面形状控制参数计算以及全自动轧钢控制参数计算来保证轧机实现高精度厚度和温度控制、板形和板凸度控制、平面形状控制以及全自动轧钢控制，并通过模型自学习来提高数学模型的精度。设定计算功能的实现也是过程控制系统投入的根本目的所在。

（5）自动轧钢的逻辑控制功能。自动轧钢的逻辑控制必须由过程控制系统和基础自动化系统协调完成。由过程控制系统根据轧件跟踪的结果，进行全自动轧钢的逻辑判断，产生水平方向辊道控制和垂直方向道次数控制的全自动控制信息，并由基础自动化具体执行。

（6）轧制节奏控制功能。中厚板生产采用控制轧制工艺时，一般单机架轧机采用两阶段轧制，中间用一段空冷待温阶段来保证第二阶段轧制的开轧温度。该工艺提高了产品性能，但是对轧机产量影响也较大。为了减少待温阶段造成的产量损失，采用多块轧件交叉轧制的手段保证轧机得到充分的利用，提高设备生产率。在具体控制过程中，需要考虑几块轧件轧制时间和待温时间的匹配关系以及轧件长度限制，进行轧制节奏的控制、空间的合理调度，最大限度地减少轧机的待机时间，提高产量。

4.2 架构的特点

4.2.1 系统平台的发展与选型

轧机过程控制的特点决定了对过程控制系统有较高的要求，即系统必须具备较高的实时性、稳定性、高速性以及可维护性。在最初阶段，只有一些高性能的小型机和经过专门设计的计算机可以满足需要，而与之相适应，必须使用专用的系统平台。早期使用的系统一般为与小型机配套的 Unix 系统、Open VMS 系统或者各公司自己开发的专用系统。

随着 PC 机的发展，其性能不断提高，已经能够满足过程控制系统的要求；而与之配套的 Windows 系统平台随着稳定性的提高也已经逐渐成为工业控制的标准平台。基于 PC 的控制系统以其灵活性和易于集成的特点正在被更多的用户所采纳，而一些老的系统平台的使用主要是考虑适应旧的控制软件和硬件的要求。

采用 Windows 作为操作系统平台的一个好处在于易于使用和维护，以及与办公平台的统一，可以使用大量熟悉的应用软件。统一的系统平台可以支持一个自动化项目周期中的各个阶段和环节，如设计、实施、测试、调试、运行和维护，可以减少系统适应时间，降低从设计到完成的时间和费用。

过程控制支撑平台开发所针对的硬件参考当前过程控制系统的最新趋势，并考虑 PC 服务器的性能能够保证系统的要求，采用了通用 PC 服务器，与之配套的系统平台采用 Windows 2008 系统；考虑与系统的兼容性以及功能要求，控制系统的开发语言软件采用 Visual Studio. Net 2008；数据库开发采用 Oracle 11g。

4.2.2 过程控制软件的特点

轧机过程控制软件由本身的应用条件决定，应该具备如下的特点：

（1）软件必须具有很高的稳定性。现在一般合同要求的系统投入率都在 99% 以上，最高甚至达到 99.8%。系统的稳定性除了系统硬件和系统平台的保证外，更重要的是通过控制软件本身的质量来保证。

（2）过程控制系统必须具有多任务性。过程控制系统的多任务与 Windows 系统本身的多任务类似，即过程控制系统的主要功能应该可以同时运行。上面功能分析中需要过程控制系统实现的功能，不能因为一个功能的运行而耽搁了其他功能的执行。

（3）软件总体应该具有较强的通用性和灵活性。轧机过程控制系统的总体功能框架应该可以适应不同的轧线要求，其中的系统维护、数据通讯、处理和数据管理等功能模块应该具有较强的通用性，不能对每个项目重复进行相同的工作。而对于每条不同的轧线，由于其具体的控制范围和控制功能不同，相应的轧件跟踪、优化控制和设定功能模块应该可以灵活地进行修改，而不需要对系统总体框架进行变动。

4.2.3 过程控制支撑平台的设计原则

考虑过程控制系统的功能需求以及过程控制系统的软件特点，并兼顾软件开发的方便，在设计和开发中厚板过程计算机开发平台时，基于以下原则：

（1）系统具有开放性。采用易于扩展的软硬件配置，便于系统的维护和升级。

（2）建立完善的任务调度功能。使用线程和进程技术，基于任务的同步与灵活的通讯配置使系统形成一个资源共享、并发同步的环境，并提高系统的容错能力和自恢复能力；利用多线程设计来保证控制系统的多任务性。系统的维护功能作为主线程；其他功能根据需要拆分或者合并成不同的功能模块，在不同的子线程中实现。通过作为主线程的系统维护功能来控制子线程的启动和停止。

（3）系统功能的模块化设计。各子线程执行的功能模块之间相对独立，各功能模块内部的修改不涉及其他的功能模块。各功能模块之间的数据交流通过全局变量进行，尽量减少各功能模块之间的联系，保证系统的通用性和灵活性。

（4）基于 Windows 下的消息驱动机制，对生产过程的事件进行封装。通过 Windows 系统平台提供的消息驱动机制作为各功能模块线程之间通信的手段，根据预先定义的消息标志符，在一个线程里通过发送消息，可以启动另一个线程中的相应功能。建立过程控制模型触发事件的数据通讯接口，保证数据传递过程的安全和快速。

（5）系统可进行离线调试。可仿真生产现场触发事件，测试过程控制模型的健壮性，方便过程控制模型的调试和开发，缩短调试时间。

4.3 系统的组成和功能

中厚板轧制过程计算机控制系统常采用三级设计，一级为基础自动化级，二级为过程控制级，三级为生产管理级。过程计算机基于工业以太网与 PLC 和 HMI（人机界面）进行数据通讯，采集生产现场数据，并将计算结果传递给基础自动化，参与生产过程的控制。图 4-1 为中厚板过程控制系统典型的网络结构图。人机界面系统使用一个单独的网络，这样做使无关联的数据分布于两个网段中，减少数据的干扰，加快数据传输的速度。以太网在生产现场的应用也便于系统在基础自动化级和过程控制级的基础上扩展到生产管理级。

4.3.1 基础自动化组成

中厚板轧机基础自动化的主要任务包括轧区辊道控制、主传动控制、电动压下位置自动控制（APC）、液压厚度自动控制（AGC）、偏心补偿、数据通讯以及轧机的清零、刚度测试等功能。控制系统利用 Profibus DP 连接远程

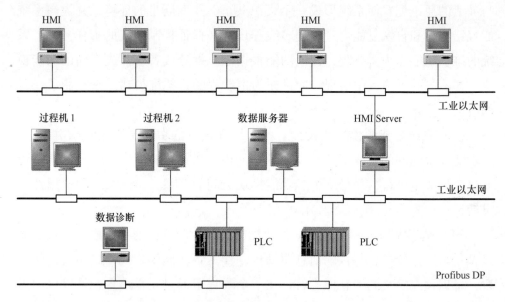

图 4-1　系统网络结构图

I/O、轧线检测仪表、变频器等设备，完成信号传递和指令控制，并保证各设备之间的信号连锁。

压下控制系统采用电动压下 APC 和液压 AGC 联合控制方案。电动压下控制是以辊缝设定值为目标值，根据控制算法，求出最优的压下电机速度输出曲线、高速预摆辊缝；液压 AGC 的目标是消除轧制过程中钢板的厚度公差，系统根据轧制过程中实测数据及轧机的弹、塑性曲线计算出辊缝的调节量，控制液压系统完成辊缝的调节过程，补偿电动 APC 的位置误差。

为便于生产管理和过程计算机投入，将中厚板轧机的运行划分为手动轧钢、半自动轧钢、自动轧钢和检修四种方式，过程计算机只在轧机的半自动和自动方式下才投入工作，各种工作方式的功能定义如表 4-1 所示。

表 4-1　轧机运行方式定义

轧钢方式	液压系统	控制系统	过程计算机	操作员站
手动轧钢	油柱高度固定	电动压下位置由操作工控制，电动 APC 不投入，液压 AGC 不工作	按照时间顺序采集轧制过程实测数据存储于过程计算机中	显示轧制道次、实测轧制力、实际辊缝值等数据

轧钢方式	液压系统	控制系统	过程计算机	操作员站
半自动轧钢	正常投入	按设定的操作员规程或过程机规程摆辊缝,轧制过程中,允许操作工对未轧道次的辊缝设定进行调整和修正	过程计算机根据人机界面的触发调用过程控制模型进行轧制规程的预计算	显示各道次预设定数据和实际轧制过程数据
自动轧钢		按过程计算机设定的轧制规程自动摆辊缝,轧制过程中只允许操作工进行辊缝微调控制	跟踪轧件的位置,过程模型进行轧制规程的预计算、修正计算和自学习计算	
检修	泄荷	设备的运行由操作台控制	不工作	显示轧机工况

4.3.2 过程自动化组成

过程控制计算机根据生产现场采集的数据实现钢板跟踪、任务调度、规程优化计算及过程数据存储等任务,并通过通讯接口及时将模型的计算规程发送给基础自动化和人机界面。图4-2给出了中厚板过程控制系统结构。

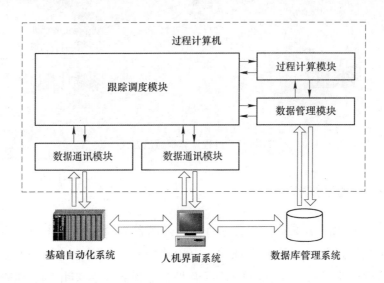

图4-2 过程控制系统结构

过程控制计算机中的跟踪调度模块负责与数据通讯模块交换数据,对生产现场数据（热金属检测仪信号、测温仪信号、轧制过程的实时数据）和人机界面系统中的触发信号（入炉触发、出炉触发、轧废回炉确认、跟踪队列修正）进行过滤和处理，获得系统可以识别的事件，调度其他模块协同工作。

4.4　通讯接口规划

轧线数据以标准模拟量信号或数字量信号方式进入 PLC，经过标定和编码后存入相应的数据块，由人机界面读取或发送给过程机进行处理。过程计算机与人机界面服务器、基础自动化之间的通讯均为双向数据传递，过程计算机需要实时接收基础自动化的采集数据，监视人机界面中触发变量的变化，并及时地将计算规程数据发送给基础自动化。过程计算机与 PLC 和人机界面的通讯方式如图 4-3 所示。

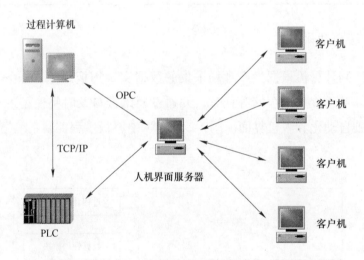

图 4-3　过程计算机通讯方式

4.4.1　OPC 通讯技术

在传统的控制系统中，智能设备之间及智能设备与控制系统软件之间的信息共享是通过驱动程序来实现的。由于软件开发商对驱动程序的要求各不相同，网络中需进行数据访问的数据源与智能设备又各不相同，驱动程序的开发大大加重了软件开发商的负担，使其无法全身心地投入到其核心产品的开发中去。这种开发方式主要存在以下弊端：

（1）重复开发。每个软件系统开发商必须为每个特点的硬件开发一个驱动程序。

（2）不同开发商之间的驱动程序的不一致性。软件开发商各自从子集的需要出发，采用不同的数据交换协议开发驱动程序，从而使各开发商之间的驱动程序不一致，并且驱动程序并不支持所有的硬件特性。

（3）不支持硬件特征的变化。由于驱动程序由软件开发商开发，硬件特征的变化将会使所有的驱动程序失效，为适应硬件特征的新变化，软件开发商必须为硬件开发新的驱动程序。

（4）访问冲突。一般来说，两个软件包不能同时访问同一设备，因为它们使用不同的驱动程序。为了解决这一问题，硬件供应商试图以开发驱动程序的方法来解决这一问题，但由于不同的客户采用不同的客户协议而无法实现。

OPC 为硬件供应商和软件开发商之间划了一条明确的界限。它为数据源的产生规定了一种机制，并且为这些数据与任何客户程序之间的通讯提供了一种标准的方式。有了 OPC 标准，硬件供应商可以开发出可重复使用的、高性能的 OPC 服务器软件，并且能与其他数据源以及设备进行可靠有效的通信。有了 OPC 服务器接口，就允许任何 OPC 客户访问他们的设备。

OPC 标准规定了一个单一的、一致的、工业标准的接口，它允许软件开发商致力于他们软件更新特性的开发，而不是开发一大堆设备驱动程序。在OPC 标准提供的环境中，设备制造商将致力于他们 OPC 服务器的开发，开发出的同样的 OPC 服务器可以被任何一种软件、HMI、PLC 或 DCS 供应商所使用。HMI 供应商应该是 OPC 技术最明显的得益者，提供标准接口，能使尽可能多的设备连接到工业网络上。

OPC 通讯接口实现的主要功能包括：

（1）通过 IOPCServer 接口添加、删除组（Group），获取组（Group）的属性和状态，创建组（Group）枚举器。组（Group）枚举器用来获取当前OPC 服务器中已经创建的组（Group）的接口。

（2）通过 IOPCBrowseServerAddressSpace 接口获取 OPC 服务器的地址空间信息。利用地址空间信息，客户程序可以构造访问数据 Item 的唯一标志 ID。

（3）通过 IOPCServerPublicGroups 接口访问公共组（Group）。

（4）通过 IOPCGroupStateMgt 接口访问组（Group）的状态，并复制相关组（Group）。

（5）通过 IOPCItemMgt 接口添加、删除数据项（Item），获得数据项（Item）的状态，设置数据项（Item）的属性，并创建数据项（Item）枚举器，用来获取当前组（Group）中已经创建的数据项（Item）的信息。

（6）通过 IOPCSyncIO 接口进行同步数据访问。同步访问包括同步读、写操作。

（7）通过 IOPCASyncIO2 接口进行异步数据访问。异步访问包括异步读、写、刷新、取消及使能操作。异步操作通过 IOPCDataCallback 接口共同实现。

（8）通过 IOPCItemProperties 访问接口数据项（Item）的属性。

过程控制模型和 HMI 通讯基于 OPC 接口，HMI 服务器同时也作为 OPC 服务器，接受过程支撑平台的连接请求，共享变量。过程支撑平台的 OPC 通讯接口监控 HMI 服务器的变量变化，解释并处理后送给过程控制模型进行控制。

4.4.2 计算机之间的通讯技术

基于工业以太网，系统计算机之间的数据通讯采用 TCP/IP 协议，TCP/IP 协议有以下特性：（1）好的破坏恢复机制；（2）能够在不中断现有服务的情况下加入网络；（3）高效的错误率处理；（4）平台无关性；（5）低数据开销。

TCP 和 IP 共同管理网络上流进和流出的数据流。IP 不停地把报文放到以太网上，而 TCP 负责确信报文到达。TCP 处理过程包括握手过程、报文管理、流量控制和错误检测及处理。TCP/IP 由四层组成，包括应用层、传输层、网络层和链路层。传输控制协议（TCP）提供了可靠的报文流传输和对上层应用的连接服务，TCP 使用顺序的应答，能够按需重传报文。IP 协议则用于管理客户端和服务器端之间的报文传送。

TCP/IP 协议不支持断线检测，为保证过程控制计算机之间的通讯稳定，减少干扰，规定如下：

（1）通讯双方计算机建立两个连接。即本身既是服务器（Server），也是客户机（Client）；作为服务器时负责接收数据，作为客户机时负责发送数据。

（2）加入心跳检测功能。客户机定时向服务器发送心跳信号，服务器收到心跳数据后需返回确认数据；如果客户机接收心跳确认数据超时，则产生报警信号。

（3）客户机向服务器传递正常数据时，服务器接收到数据后需返回确认信号；如果客户机接收数据确认信号超时，重新发送，同时产生报警信号。

（4）网络发生故障时，重新初始化连接参数，检测到网络正常后，自动尝试重新连接，直至网络连接正常。

过程计算机之间的以太网通讯如图4-4所示。

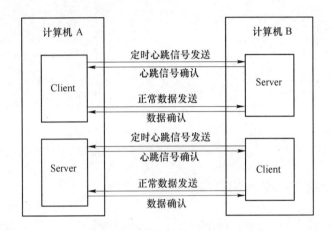

图4-4 计算机通讯方式定义

为便于验证计算机之间通讯数据格式的正确性，对心跳信号和数据确认信号的内容使用 ASCII 格式，具体定义见表4-2 和表4-3。

表4-2 心跳信号定义

变量名	类 型	长 度	格 式
Message ID	Char	8	自定义，如 "A2B00001"
Date	Char	8	"YYYYMMDD"
Time	Char	6	"HHMMSS"
Sender	Char	4	自定义
Receiver	Char	4	自定义
Message Len	Char	6	0078
Sequence No	Char	4	"0001" ~ "9999"
Test data	Char	37	"1234567890 ABC…XYZ"
Exit Code	Char	1	0x0A

表4-3　确认信号定义

变量名	类　型	长　度	格　式
Message ID	Char	8	自定义
Date	Char	8	"YYYYMMDD"
Time	Char	6	"HHMMSS"
Sender	Char	4	自定义
Receiver	Char	4	自定义
Message Len	Char	6	0050
Sequence No	Char	4	"0001" ~ "9999"
Received ID	Char	8	收到的 ID
Validity Code	Char	1	"1" = ACK, "0" = NACK
Exit Code	Char	1	0x0A

4.5　过程控制支撑平台的开发

过程控制系统采用多线程结构设计，多线程环境中的各个模块线程具有独立性，可以实现任务的并发处理，并容易共享进程内资源，简化了数据的规范管理。

过程控制系统基于事件触发方式运行，为了保证过程控制计算机对采集数据和触发的快速响应，过程控制软件在设计上采用事件调度方式，协调各模块之间的关系。过程控制系统软件设计规划如下：（1）系统由通讯模块、跟踪调度模块、数据管理模块、过程模型计算模块组成，处于同一进程中；（2）跟踪调度模块为主调线程，其他模块与跟踪调度模块进行事件通讯；（3）模块线程间采用全局变量实现数据共享和传递；（4）采用自定义消息进行事件触发，实现模块间通讯；（5）使用信号量保证模块间的任务同步。

采用此规划设计的过程计算机软件系统结构如图4-5所示，各模块属于同一进程中的多个线程，通过跟踪模块的事件调度，实现了模块间协调有序的运行管理。

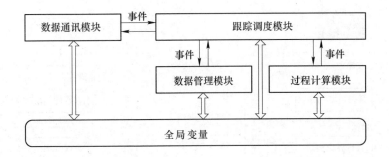

图 4-5　过程计算机软件系统结构

过程计算机中的数据通讯模块主要负责与 PLC 和人机界面进行通讯，其实时性高于其他线程，具有相对独立性。为减少过程模型的调试时间，方便系统通讯功能的调试和过程控制软件的维护，有必要将过程通讯模块从原有进程中分离出来，形成一个独立的进程，通过建立接口规范使通讯过程标准化，简化过程控制系统的开发和调试。

修正后的通讯与模型相分离的两层进程结构与原来的单一进程结构相比，处理方式更加灵活，模型进程只需负责处理少量的触发事件和接收通讯进程传来的数据，而不用关心具体数据的外部来源，通讯进程与模型进程之间各负其责，简化了过程控制模型的后期调试工作。修正后的过程计算机控制系统软件设计规划如下：（1）系统由通信进程和模型进程组成；（2）进程之间通过事件传递消息，通过共享内存传递数据；（3）通讯进程负责与 PLC 和人机界面通讯，通过可随时修改的标签实现对通讯变量的管理，并可以对接收数据进行实时记录和查看；（4）通讯进程可以按照设定的通讯变量自动产生与模型进程联系的数据结构，建立与模型进程之间的标准通讯接口，并实现对触发事件的封装；（5）模型进程中的跟踪调度模块负责对通讯进程传递的事件进行解释处理，协调数据管理模块和过程计算模块的运行，调度进程中的事件。

修正后的过程计算机进程、模块线程之间的关系如图 4-6 所示，过程控制系统平台软件的主画面如图 4-7 所示。

过程计算机控制软件系统使用面向对象的设计模式对整个控制系统进行了规划和开发，并建立了线程、进程间事件调度的基础类库，使系统结构具有较强的灵活性、复用性与扩展性，便于调试和二次开发。

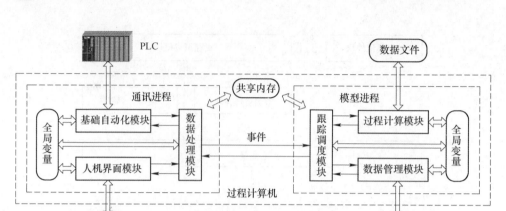

图 4-6　过程计算机系统进程之间的关系

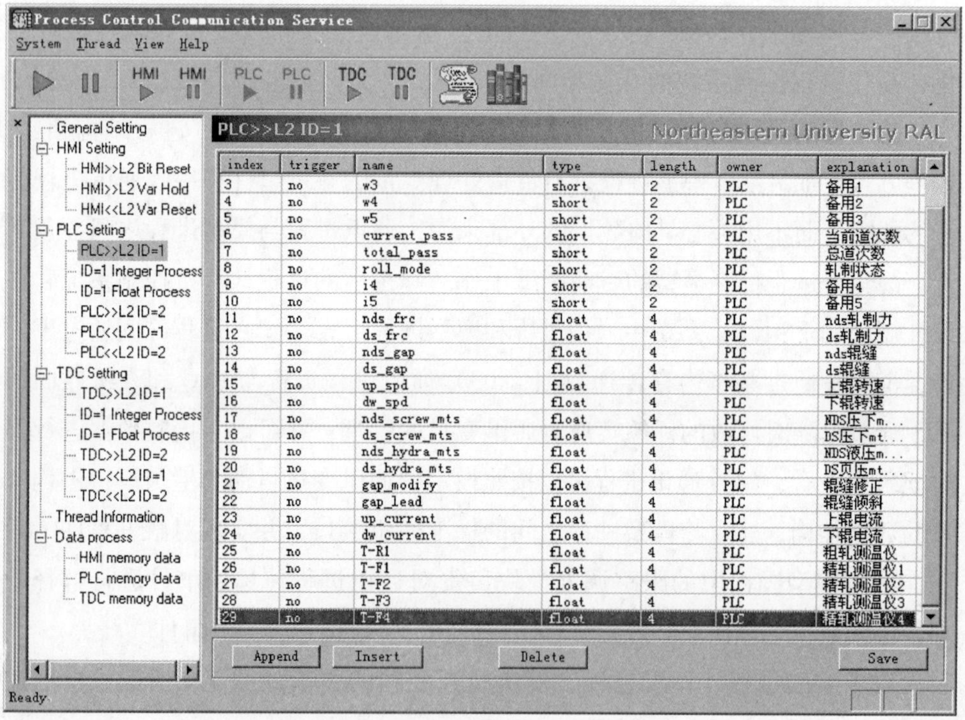

图 4-7　过程控制系统平台运行主画面

5 平面形状检测系统开发

将中厚板的平面形状控制为矩形或近于矩形是提高中厚板成材率的主要方法之一。影响中厚板平面形状的主要因素有中厚板前后端部形状、侧边的形状及侧弯量的大小等。为了能够得到轧制过程中中厚板平面形状的变化规律和影响轧件侧弯的因素，优化和修正数学模型，必须测量得到轧制过程中钢板的头部、尾部和边部的形状，因此要有能准确检测轧件形状变化的手段。常规方法是在成品收集台上进行人工测量，这样不但测量数据少、反馈不及时，而且测量精度也无法得到保证，影响了模型的自学习功能。

为控制中厚板平面形状以使其在轧制终了时接近矩形，首先要对平面形状作出精确的预报，而定量地测量出钢板的平面形状又是精确预报的基础。基于计算机对中厚板平面形状的在线实时测量可以为轧机的过程控制系统提供必要的模型修正数据，优化轧制模型并可以实现对轧制规程的修正补偿，改善钢板轧后成品形状的矩形度，对中厚板成材率的提高会起到积极的推动作用。

基于图像处理技术，通过安装于轧机前后上方的 CCD 摄像头采集轧制过程中钢板的图像，利用数字图像技术对采集的图像进行识别及处理，将得到的点阵图像进行参数化描述，通过图像处理算法自动获得轧件的尺寸、形状信息。应用图像识别技术测量中厚板的尺寸与形状属于非接触测量，其处理速度和测量精度仅决定于计算机的运行速度、采集图像的清晰程度和图像处理算法的优劣，和其他传感器相比较，其价格低廉、安装调节简单、维护方便，其测量结果可以应用于工业生产，满足了中厚板轧后屏幕尺寸测量要求。

5.1 测量系统的组成

中厚板轧制过程中，利用安装在轧机附近的工业 CCD 摄像机采集轧件的图像，通过高速图像数据采集卡将图像数字化后送入计算机，作为轧件尺寸辨识的对象，基于计算机对数字图像进行处理，提取边缘信息，得到最终轧件的平面尺寸。

为了能够得到最终的成品尺寸形状，在精轧机后辊道上方安装 CCD 摄像机，摄像机与计算机相连接，拍摄数据在计算机中进行处理。CCD 摄像机安装示意如图 5-1 所示。

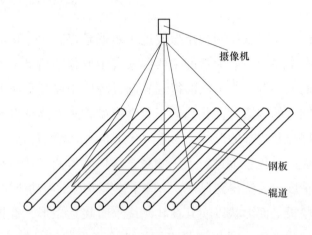

图 5-1　摄像机安装方式

针对中厚板轧制过程中钢板图像的特点，对采集钢板图像进行灰度变换、噪声过滤、边缘检测、边界跟踪、亚像素边缘定位以及轮廓拟合，采用图像处理算法使得识别速度和测量精度达到平衡，最终获得平面尺寸。对采集图像的平面尺寸计算过程参见图 1-18。

5.2　摄像机标定模型

计算机视觉的基本任务之一是从摄像机获取的图像信息出发，计算三维空间中物体的几何信息，并由此重建和识别物体。而空间物体表面某点的三维几何位置与其在图像中对应点之间的相互关系是由摄像机成像的几何模型决定的，这些几何模型参数就是摄像机参数。在大多数条件下，这些参数必须通过实验与计算才能得到，这个过程被称为摄像机定标（或称为标定）。标定过程就是确定摄像机的几何和光学参数、摄像机相对于世界坐标系的方位。标定精度的大小，直接影响着机器视觉的精度。

在理论研究中采用的摄像机模型为针孔模型，其成像几何关系如图 5-2

所示，引入 3 个坐标系，分别是图像坐标系、摄像机坐标系和世界坐标系。

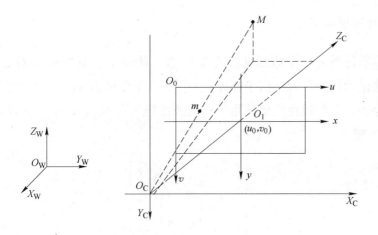

图 5-2　标定系统坐标系

5.2.1　图像坐标系

　　图像坐标系分为图像物理坐标系和图像像素坐标系两种，其区别在于坐标轴的单位长度不一样，图像物理坐标系的坐标轴的单位长度为正常的物理长度，图像像素坐标系在每个坐标轴上的单位长度为像素的长度。x 轴、y 轴分别与 u 轴和 v 轴平行，坐标原点 O_1 为摄像机光轴与图像平面的交点。若 O_1 在 u、v 坐标系统中的坐标为 (u_0, v_0)，像素在 x 轴、y 轴方向的单位长度为 $\mathrm{d}x$、$\mathrm{d}y$，则有等式：

$$\begin{pmatrix} u \\ v \\ 1 \end{pmatrix} = \begin{pmatrix} \dfrac{1}{\mathrm{d}x} & 0 & u_0 \\ 0 & \dfrac{1}{\mathrm{d}y} & v_0 \\ 0 & 0 & 1 \end{pmatrix} \begin{pmatrix} x \\ y \\ 1 \end{pmatrix} \tag{5-1}$$

成立。

5.2.2　摄像机坐标系

　　摄像机坐标系的原点 O_c 在摄像机的光心上，X_c 轴和 Y_c 轴与图像坐标系中的 x 轴与 y 轴平行；Z_c 轴为摄像机光轴，它与图像平面垂直，光轴与图像平面的交点即为图像坐标系的原点 O_1，O_cO_1 的长度为摄像机的有效焦距 f。

5.2.3 世界坐标系

世界坐标系是一个假设的参考坐标系，其位于场景中某一固定的位置，用以描述摄像机的位置，由坐标原点 O_w 和三个坐标轴 X_w、Y_w、Z_w 构成。

世界坐标系和摄像机坐标系下点的齐次坐标分别为 $(x_w,y_w,z_w,1)$ 和 $(x_c,y_c,z_c,1)$，则有：

$$\begin{pmatrix} x_c \\ y_c \\ z_c \\ 1 \end{pmatrix} = \begin{pmatrix} R & t \\ 0 & 1 \end{pmatrix} \begin{pmatrix} x_w \\ y_w \\ z_w \\ 1 \end{pmatrix} \tag{5-2}$$

式中　R,t ——摄像机坐标系相对世界坐标系的正交单位旋转矩阵和平移向量。

根据摄像机针孔模型的成像原理，空间中的点 $M = (x_w,y_w,z_w,1)$ 在摄像机坐标系下的坐标为 $(x_c,y_c,z_c,1)$，设它在摄像机成像平面上的投影为 $m = (x,y)$，则有：

$$s\begin{pmatrix} x \\ y \\ 1 \end{pmatrix} = \begin{pmatrix} f & 0 & 0 & 0 \\ 0 & f & 0 & 0 \\ 0 & & 1 & 0 \end{pmatrix} \begin{pmatrix} x_c \\ y_c \\ z_c \\ 1 \end{pmatrix} \tag{5-3}$$

式中　s ——一个非零常数。

假设世界坐标系中 M 点的坐标为 $\overline{M} = (x_w,y_w,z_w,1)$，它在成像平面上的像 m 的坐标为 $\overline{m} = (u,v,1)$，则有如下转换关系：

$$s\overline{m} = \begin{pmatrix} u \\ v \\ 1 \end{pmatrix} = \begin{pmatrix} \dfrac{1}{dx} & 0 & u_0 \\ 0 & \dfrac{1}{dy} & v_0 \\ 0 & 0 & 1 \end{pmatrix} \begin{pmatrix} f & 0 & 0 & 0 \\ 0 & f & 0 & 0 \\ 0 & & 1 & 0 \end{pmatrix} \begin{pmatrix} R & t \\ 0 & 1 \end{pmatrix} \begin{pmatrix} x_w \\ y_w \\ z_w \\ 1 \end{pmatrix}$$

$$= \begin{pmatrix} a_x & 0 & u_0 & 0 \\ 0 & a_y & v_0 & 0 \\ 0 & 0 & 1 & 0 \end{pmatrix} (R \quad t) \begin{pmatrix} x_w \\ y_w \\ z_w \\ 1 \end{pmatrix}$$

$$= K(R \quad t)\overline{M} = P\overline{M} = p_1 p_2 M \tag{5-4}$$

由于受到像素形状的影响，像素坐标系的两个坐标轴相互间不是垂直的，则矩阵 K 还应加上一个畸变因子 λ，即：

$$K = \begin{pmatrix} a_x & \lambda & u_0 \\ 0 & a_y & v_0 \\ 0 & 0 & 1 \end{pmatrix} \tag{5-5}$$

矩阵 P 称为摄像机的投影矩阵，由于决定矩阵 K 的五个参数只与摄像机模型的几何结构有关，故称为内部参数矩阵。$(R \quad t)$ 描述了摄像机在世界坐标系中的位置，故称为摄像机的外部参数矩阵。根据共线方程，在摄像机内部参数确定的条件下，利用若干个已知的物点和相应的像点坐标，就可以求解出摄像机的外部参数。通过计算得到的参数可以消除镜头畸变，获得图像中钢板的真实尺寸。

5.3 边缘检测与定位

5.3.1 图像预处理

一般情况下，成像系统获取的图像由于受到种种条件限制和随机干扰，往往不能在视觉系统中直接使用，必须在视觉的早期阶段对原始图像进行灰度均衡、噪声过滤等图像预处理。对图像处理系统来说，所用的图像预处理方法并不考虑图像降质原因，只将图像中感兴趣的特征有选择地突出，衰减其不需要的特征，这类图像预处理方法称为图像增强。图像增强技术主要包括直方图修改处理、图像平滑处理、图像尖锐化处理技术等，在实际应用中可以采用单一方法处理，也可以采用几种方法联合处理，以便达到预期的增强效果。

5.3.1.1 灰度直方图均衡化

设图像f的灰度级范围为(Z_l, Z_k)，$P(Z)$表示(Z_l, Z_k)内所有灰度级出现的相对概率，称$P(Z)$的图形为图像f的直方图。

令原图的灰度r的范围归一化为$0 \leqslant r \leqslant 1$。为使图像增强须对图像灰度进行变换，若增强图像的灰度用s表示，则灰度的变换关系为：

$$s = T(r) \tag{5-6}$$

变换函数$T(r)$须满足两个条件：（1）$T(r)$是单值函数，它在$0 \leqslant r \leqslant 1$范围内单调递增；（2）$T(r)$在$0 \leqslant r \leqslant 1$内满足$0 \leqslant T(r) \leqslant 1$。

从s反变换到r的关系式可用下列符号表示：

$$r = T^{-1}(s) \quad 0 \leqslant s \leqslant 1 \tag{5-7}$$

这里假定$T^{-1}(s)$也满足上述变换设定的条件。

设初始原图的灰度分布为$P_r(r)$，经过灰度变换增强后图像的灰度分布为$P_s(s)$。由于灰度变换关系式$s = T(r)$为一单调变化的函数，且s是随机变量r的单调函数，由概率论可知，随机变量函数s的概率分布密度函数为：

$$P_s(s) = \left[P_r(r) \frac{\mathrm{d}r}{\mathrm{d}s} \right]_{r = T^{-1}(s)} \tag{5-8}$$

从人眼的视觉特性考虑，一幅图像的灰度直方图如果是均衡的，即$P_s(s) = k$时（归一化时$k = 1$），图像有较好的对比度。假设原图的灰度分布为$P_r(r)$，采用如下灰度变换关系进行变换：

$$s = T(r) = \int_0^r P_r(w) \,\mathrm{d}w \tag{5-9}$$

由于式中：

$$\frac{\mathrm{d}r}{\mathrm{d}s} = \frac{1}{\mathrm{d}s/\mathrm{d}r} = \frac{1}{P_r(r)} \tag{5-10}$$

可以得到：

$$P_s(s) = 1 \quad 0 \leqslant s \leqslant 1 \tag{5-11}$$

由此看出，只要s与r的变换关系是r的积分分布函数关系，则变换后图像的灰度分度密度函数是属于均匀的，这意味着各个像元灰度的动态范围扩大了。

直方图均衡化是一种常用的非线性点运算，将一个已知灰度分布的图像使用某种非线性灰度变换函数进行计算，使运算结果变成一幅具有均匀灰度分布的新图像。常用的非线性灰度变换函数有平方函数、对数函数、窗口函数、阀值函数等。从图5-3中可以看出，经过均衡化后，原始图像的直方图被拉平了，原始图像的质量有了明显的提高。

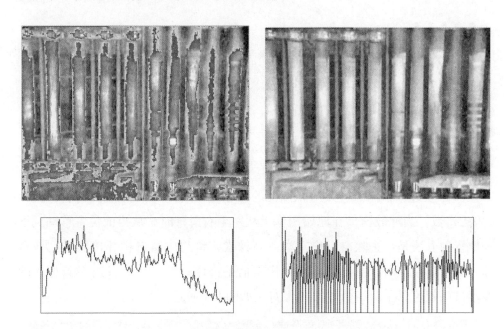

图5-3　直方图变换对比

5.3.1.2　中值滤波

图像采集设备所获得的原始图像有很多噪声，平滑的目的是消除其中的噪声，降低噪声对图像的影响，使图像的背景变得均匀，而同时图像中的细节要保持原有特征，提高图像的质量。中值滤波是一种非线性信号处理方法，也是图像平滑处理中最常见的处理技术。它在一定条件下可以克服线性滤波器、最小均方滤波、平均值滤波等所带来的图像细节模糊，而且对滤除脉冲干扰及图像扫描噪声最为有效，在实际运算过程中并不需要图像的统计特性，可以在保护图像边缘的同时去除噪声。

（1）传统的中值滤波：定义中值滤波窗口，如图5-4所示。将中值滤波窗口覆盖在原图像上，将窗口所覆盖的图像像素排序，排序后求得数列中值，最后用该值替换窗口覆盖图像的中心像素，即完成一次中值滤波处理。将滤波窗口对原图像，由左到右、由上到下逐一滤波，即可完成整幅图像的滤波。综上分析可知，这种方法对中心像素值的每一次确定均须将窗口覆盖的所有元素重新排序，它没有充分利用前后窗口的相互关系，是一种效率较低的处理方法。

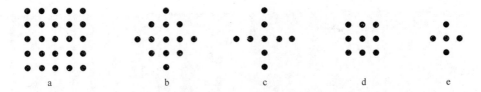

图 5-4　常用中值滤波器窗口形状

a—5×5 方形窗口；b—5×5 菱形窗口；c—5×5 十字窗口；

d—3×3 方形窗口；e—3×3 十字窗口

（2）快速中值滤波：设一幅图像的尺寸为 $M \times N$，取中值滤波窗口为 $k \times k, k$ 为奇数。当滤波窗口在原始图像上从左至右滑移时，从当前位置移动到下一位置的方法是：去除窗口作左端一列像素，将与原窗口相邻接的一列像素加入到窗口中。由于窗口中原有的像素值是排序好的，这样只需对新加入的像素排序就可以了。中值滤波图像对比如图 5-5 所示。

图 5-5　中值滤波图像对比

a—中值滤波前；b—中值滤波后

5.3.2　边缘检测

图像的边缘可以定义为在图像的局部区域内图像特征的差别，表现为图像上的不连续性（灰度的突变、纹理的突变、色彩的变化）。图像的边缘能勾画区域的形状，它能被局部定义和传递大部分图像信息。图像边缘信息的获取是计算机视觉技术的重要组成部分，因此，边缘检测可看做是处理许多复杂问题的关键，是图像分析和理解的第一步，检测出边缘的图像就可以进行特征提取和形状分析。由于边缘是灰度值不连续的结果，为了计算方便，一般选择一阶和二阶导数来检测边缘。图 5-6 给出了图像边缘所对应的一阶和二阶导数曲线。

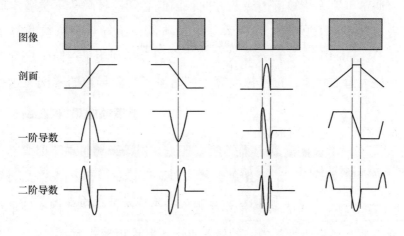

图 5-6　图像边缘及导数

经典的边缘提取方法是考察图像的像素在某个邻域内灰度的变化，利用边缘邻近一阶或二阶方向导数的变化规律检测边缘。这种方法称为边缘检测局部算子法。边缘检测算子检查每个像素的邻域并对灰度变化率进行量化，通常也包括方向的确定。边缘检测可使用很多种方法，其中绝大多数是基于方向导数采用模板求卷积的方法。

卷积可以看做是加权求和的过程。卷积时使用的权即边缘检测模板矩阵的元素，这种权矩阵也叫做卷积核，如下面的矩阵 k 为 3×3 的卷积核。

$$p = \begin{bmatrix} p_1 & p_2 & p_3 \\ p_4 & p_5 & p_6 \\ p_7 & p_8 & p_9 \end{bmatrix} \qquad k = \begin{bmatrix} k_1 & k_2 & k_3 \\ k_4 & k_5 & k_6 \\ k_7 & k_8 & k_9 \end{bmatrix}$$

对于上面的 3×3 的区域 p 与卷积核 k，进行卷积后，区域 p 的中心像素

p_5 表示如下：

$$p_5 = \sum_{i=1}^{9} p_i k_i \tag{5-12}$$

卷积核中各元素称为卷积系数。卷积系数的大小、方向、排列次序决定了卷积的处理效果。在实际卷积计算中，当卷积核移动到图像的边界时，会出现图像数据越界问题。一般的处理方式是忽略边界的数据或者在图像的四周复制图像的边界数据。

由于通常事先无法知道边缘的方向，因此必须选择那些不具备空间方向性和具有旋转不变性的线性微分算子。经典的一阶导数边缘检测算子包括Robert 算子、Sobel 算子、Prewitt 算子等，它们都是利用了一阶方向导数在边缘处取得最大值的性质；拉普拉斯算子则是基于二阶导数的零交叉这一性质的微分算子。

Robert 算子的卷积模板为：

$$G_x = \begin{bmatrix} 0 & -1 \\ 1 & 0 \end{bmatrix} \qquad G_y = \begin{bmatrix} 1 & 0 \\ 0 & -1 \end{bmatrix} \tag{5-13}$$

Sobel 算子避免了 Robert 算子在像素之间内插值点上计算梯度的不足，这一算子重点放在接近于模板中心的像素点上，其模板形式为：

$$G_x = \begin{bmatrix} -1 & 0 & 1 \\ -2 & 0 & 2 \\ -1 & 0 & 1 \end{bmatrix} \qquad G_y = \begin{bmatrix} 1 & 2 & 1 \\ 0 & 0 & 0 \\ -1 & -2 & -1 \end{bmatrix} \tag{5-14}$$

Prewitt 算子与 Sobel 算子的不同在于其没有把重点放在模板中心的像素点上，它的两个方向上的梯度模板为：

$$G_x = \begin{bmatrix} -1 & 0 & 1 \\ -1 & 0 & 1 \\ -1 & 0 & 1 \end{bmatrix} \qquad G_y = \begin{bmatrix} 1 & 1 & 1 \\ 0 & 0 & 0 \\ -1 & -1 & -1 \end{bmatrix} \tag{5-15}$$

因为图像边缘有的灰度变化，图像的一阶偏导数在边缘处有局部最大或最小值，则二阶偏导数在边缘处会过零点（由正数到负数或由负数到正数）。二阶拉普拉斯微分算子的表达式为：

$$\nabla^2 f = \frac{\partial^2 f}{\partial x^2} + \frac{\partial^2 f}{\partial y^2} \tag{5-16}$$

拉普拉斯算子常见形式的梯度模板如下：

$$\nabla^2 = \begin{bmatrix} 0 & 1 & 0 \\ 1 & -4 & 1 \\ 0 & 1 & 0 \end{bmatrix} \tag{5-17}$$

拉普拉斯算子输出出现过零点的时候就表明有边缘存在，拉普拉斯算子具有旋转不变性，但是不能检测出边界的方向信息且对噪声十分敏感，实际中很少单独使用。

图 5-7 为利用 Sobel 算子检测得到的钢板边缘图像。

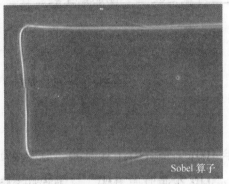

图 5-7　Sobel 算子边缘检测

5.3.3　亚像素定位

随着工业检测对精度的要求不断提高，像素级精度已经不能满足实际检测的要求，因此需要更高精度的边缘提取算法，即亚像素算法。亚像素级精度的算法是在经典算法的基础上发展起来的，此算法一般需要先用经典算法找出边缘像素的位置，然后使用周围像素的灰度值作为判断的补充信息，利用插值和拟合等方法，使边缘定位于更加精确的位置。

图像中边缘点是灰度分布发生突变的点，它是物体的物理特性和表面形状的突变在图像中的反映，当成像系统点扩展函数位移不变、对称时，边缘点处灰度分布一阶导数达到极大值，二阶导数过零。一维阶跃边缘可以用下式来表示：

$$f(x) = \begin{cases} 1, x \geqslant 0 \\ 0, x < 0 \end{cases} \qquad (5\text{-}18)$$

假设成像系统点扩散函数 $h(x)$ 是位移不变、对称的，即 $h(x)$ 是 x 的偶函数，并具有以下性质：$h(0) = \max\{h(x)\mid_{x \in (-\infty, +\infty)}\}$，且存在一个正数 Δx，使得：

$$\begin{cases} h'(x) < 0, x \in (0, \Delta x] \\ h'(x) = 0, x = 0 \\ h'(x) > 0, x \in [-\Delta x, 0) \end{cases} \qquad (5\text{-}19)$$

那么，图 5-8a 中的阶跃边缘经成像系统后得到图像 $g(x)$，如图 5-8b 所示。

$$g(x) = f(x)h(x) = \int_{-\infty}^{\infty} f(x-t)h(t)\,\mathrm{d}t = \int_{-\infty}^{\infty} h(t)\,\mathrm{d}t \qquad (5\text{-}20)$$

则：

$$\begin{cases} g'(x) = h(x) \\ g''(x) = h'(x) \end{cases} \qquad (5\text{-}21)$$

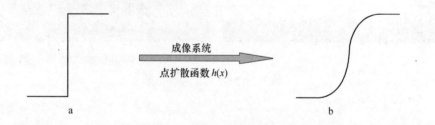

图 5-8　成像系统对边缘的加工

a—理想阶跃边缘 $f(x)$；b—实际图像边缘 $g(x)$

由式（5-19）、式（5-21）可知，理想边缘位置 $x = 0$ 为图像 $g(x)$ 一阶导数极大、二阶导数过零的点。对于二维阶跃边缘，在边缘梯度方向存在相同的特点。

利用以上特点，可以得到亚像素边缘的位置。对于离散图像来说，由于其边缘的高频信息丢失，同时被噪声污染，因此，亚像素边缘检测的任务是：首先利用被噪声污染的边缘低频信息重建边缘的连续图像，然后从连续图像中提取亚像素边缘位置。根据所重建的连续图像不同，可以将亚像素边缘检测方法归为两类：一类是重建理想边缘图像（图 5-8a），即建立理想边缘的参数化模型，并假设在理想边缘灰度分布和离散图像灰度分布之间存在一些统计特征不变量，这些不变量是理想边缘参数的函数，由不变关系建立方程可确定理想边缘的参数；另一类是重建空间离散采样前的连续图像（图5-8b），即用具有解析表达式的光滑曲面来拟合离散边缘图像的灰度分布，并假设任何连续图像的灰度分布均可通过对离散图像的灰度分布进行曲面拟合精确重建，利用连续图像边缘特性即可确定亚像素边缘位置。

本章采用多项式拟合法对图像的理想边缘进行重建获得精确的边缘位置。设 i 为边缘初始位置，$f(x)$ 为图像灰度函数，I 为拟合区间，定义如下：

$$I = \left[i-4, i-3, i-2, i-1, i, i+1, i+2, i+3, i+4 \right] \tag{5-22}$$

正交多项式如下：

$$P_0(x) = 1, P_1(x) = x, P_2(x) = x^2 - \frac{20}{3}, P_3(x) = x^3 - \frac{59}{5}x \tag{5-23}$$

利用上述多项式拟合出边缘函数后，对其求导，则在一阶导数最大处或二阶导数为零处，可得到边缘的亚像素位置 T 为：

$$T = \frac{-\sum\limits_{X \in I} P_2(X)f(X) \Big/ \sum\limits_{X \in I} P_2^2(X)}{3\sum\limits_{X \in I} P_3(X)f(X) \Big/ \sum\limits_{X \in I} P_3^2(X)} \tag{5-24}$$

式中　X——像素位置坐标；

　$f(X)$——像素灰度值。

得到钢板边缘的亚像素坐标后，就可以利用摄像机的标定结果计算出准确的轧件的平面尺寸。

5.4　平面形状测量方案

中厚板生产过程中基于轧件本身的热辐射，利用摄像机采集轧件图像进行平面尺寸测量。测量过程中，为提高测量精度，需考虑摄像机的安装位置以及现场水汽防护的情况。对中厚板轧件平面形状的测量采用如下步骤：

（1）获取成品图像，对图像进行直方图均衡化，得到图像 P_1。

（2）采用 5×5 方形窗口，利用快速中值滤波算法对图像 P_1 进行滤波，得到图像 P_2。

（3）采用 Sobel 算子，对图像 P_2 进行边缘检测，得到图像 P_3。

（4）利用直方图双峰法对图像 P_3 进行阀值分割，得到二值化图像 P_4。

（5）对二值化图像 P_4 进行霍夫直线检测，得到轧件边界的直线方程 $y = kx + b$（包括侧边和头尾）。

（6）在图像 P_3 中，建立与直线 y 相垂直的多条等间距直线，接着求解这些直线通过轧件边界时像素值为最大值的点，得到 n 个像素坐标 (u_1, v_1)、(u_2, v_2)、$\cdots$、(u_n, v_n)。

（7）使用亚像素边缘定位算法，按照求解得到的 n 个像素坐标 (u_1, v_1)、(u_2, v_2)、$\cdots$、(u_n, v_n) 进行拟合，得到实际的轧件边缘像素坐标 (u_{s1}, v_{s1})、(u_{s2}, v_{s2})、$\cdots$、(u_{sn}, v_{sn})。

（8）利用摄像机标定参数，将像素坐标 (u_{s1}, v_{s1})、(u_{s2}, v_{s2})、$\cdots$、(u_{sn}, v_{sn}) 转换为世界坐标 (x_{w1}, y_{w1})、(x_{w2}, y_{w2})、$\cdots$、(x_{wn}, y_{wn})。

（9）利用最小二乘法，将 (x_{w1}, y_{w1})、(x_{w2}, y_{w2})、$\cdots$、(x_{wn}, y_{wn}) 拟合为曲线，判断这 n 个实际边缘点与拟合曲线之间的均方差 $\sigma = \sqrt{\dfrac{1}{n-1} \sum_{i=1}^{n} (y - \hat{y})^2}$ 是否超出临界值；如果超出，剔除相应点，将剩下的点重新拟合，直至 σ 满足要求。

（10）剩下的 m 个点 (x_{w1}, y_{w1})、(x_{w2}, y_{w2})、$\cdots$、(x_{wm}, y_{wm}) 即为轧件实际的边缘坐标，即可进行平面形状的计算。

5.5 测量结果

基于 Windows7 系统，使用 Visual C++ 开发通用图像采集模块，协调工业摄像机、图像采集卡等外围硬件与图像应用程序之间的衔接，基于图像处理技术对采集钢板图像进行在线测量，获得钢板在不同的延伸比和展宽比条件下的平面尺寸，测量速度小于 100ms。

对采集图像实施直方图均衡处理、快速中值滤波、边缘检测、图像二值分割及在二值图像中进行四个边的直线检测。图 5-9 为图像处理过程示意图。

通过二值化图像中的直线检测算法得到轧件四个边界的直线形式后，在边缘检测处理的图像中建立与直线变换检测到的边界直线相垂直的多条等间距直线，接着求解这些直线通过轧件边界时像素值为最大值的点，作为边缘的初始检测坐标。图 5-10 为测量钢板侧边形状的关键点坐标。

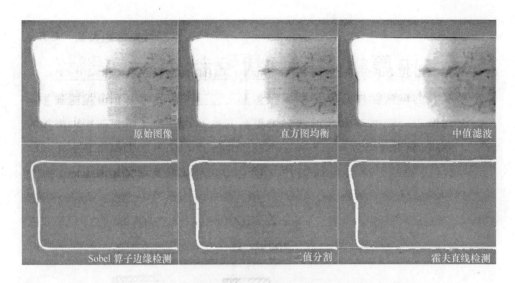

图 5-9 图像处理过程示意图

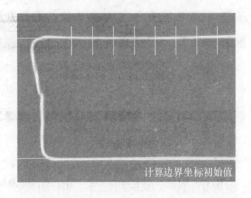

图 5-10 测量钢板侧边形状的关键点坐标

得到钢板头尾及侧边的像素坐标后，利用亚像素算法拟合得到精度更高的亚像素坐标，经过摄像机标定参数的转换就得到了最终的尺寸坐标，计算得到钢板真正的平面尺寸数据，这个数据可以用来衡量平面形状控制算法中参数的合理性，可以对算法参数进行高精度学习。

6　中厚板平面形状控制的系统设计

在中厚板平面形状控制理论研究基础上，针对该技术在现场的工业应用，必须从机械液压及自动化系统各方面进行设计和改进，以保证该技术的稳定应用。

6.1　中厚板平面形状控制的机械液压系统

中厚板平面形状控制技术的实现，必须以设备为保证，其中机械液压系统是最关键的硬件设备。

6.1.1　机械系统

目前典型的中厚板轧机生产线，一般为双机架四辊可逆轧机，粗轧机主要完成成型、展宽和待温前的轧制阶段。平面形状控制在成型和展宽的末道次投入，因此主要在粗轧机上完成。在粗轧机的机械设备和主电机设计时，需要满足较大的咬入角和压下量，但对轧制速度的要求不高。因此，粗轧机的机械系统应该保证较大的轧制力矩和较大的电机功率，但不要求较高的电机速度。

如果轧线配置为单机架轧机，在轧机的机械设备和主电机设计时，就要兼顾粗轧机和精轧机的要求，既要有较大的轧制力矩和较大的电机功率，还要有较高的电机速度。

6.1.2　液压系统设备

平面形状控制功能实现的核心是在轧制过程中动态地改变目标厚度，因此需要在轧制过程中改变辊缝，这个任务必须由液压压下系统来完成，即要求在轧件咬钢后由液压缸按照所设定的压下曲线实现位置和厚度控制，单纯电动压下的轧机是不能实现平面形状控制功能的。

轧机上传感器的选型、安装位置、液压系统的性能等参数直接影响平面形状的控制精度。另外，由于平面形状控制道次要实现轧制过程水平方向和垂直方向速度协调，因此液压压下速度是实现平面形状控制功能的关键。平面形状控制道次轧制时，水平方向以较低速度匀速轧制，但该速度是有一定限制的，因此垂直方向需要根据平面形状控制功能对厚度改变量的要求确定垂直速度，即根据辊缝变化行程确定液压压下速度。

液压缸及液压系统是实现液压辊缝控制的主体设备，包括液压油缸、伺服阀块总成、蓄能器、液压泵站等。

液压站为轧机 AGC 控制系统液压缸提供动力，AGC 液压站系统包括的检测设备和执行机构见表 6-1 和表 6-2。

表 6-1　AGC 液压站系统检测设备

序　号	名　　称	电器符号	型　号	参　数	数　量
1	行程开关	B1 ~ B6	LX204	开关量	6
2	热电阻	C0. 0	WP-C804	4 ~ 20mA	1
3	热电阻	C0. 1 ~ C0. 6	WP-C804	开关量	1
4	电接点温度计	C1. 1 ~ C1. 2		开关量 2 点	1
5	过滤器发讯器	E1 ~ E10		开关量	10
6	1 号液位继电器	F1. 1 ~ F1. 3	YKJD24-x-x-x	开关量 3 点	1
7	2 号液位继电器	F2. 1 ~ F2. 3	YKJD24-x-x-x	开关量 3 点	1
8	压力继电器	J1. 0		模拟量 4 ~ 20mA	1
9	压力继电器	J1. 1 ~ J1. 2		开关量 2 点	
10	压力继电器	J2. 1 ~ J2. 2		开关量 2 点	1
11	压力继电器	J3. 1 ~ J3. 2		开关量 2 点	1
12	压力继电器	J4. 1 ~ J4. 2		开关量 2 点	1
13	压力继电器	J5. 1 ~ J5. 2		开关量 2 点	1
14	压力继电器	J6. 1 ~ J6. 2		开关量 2 点	1

表 6-2　AGC 液压站系统执行机构

序　号	名　　称	电器符号	型　号	参　　数	数　量
1	主泵电机	A1 ~ A5	Y315S-4B35	AC 380V，110kW，990r/min，额定电流 205A，效率 94%，功率因数 0. 87，堵转电流/额定电流 = 6. 5，重量 1150kg	5

序 号	名 称	电器符号	型 号	参 数	数 量
2	循环泵电机	A6	Y160M1-2	AC 380V, 7.5kW, 970r/min, 额定电流 31.4A, 效率89.5%, 功率因数0.81, 堵转 电流/额定电流=6.5, 重量120kg	1
3	加油泵电机	A7	Y-132S-4	AC 380V, 4kW, 940r/min, 额定电流 9.4A, 效率84.5%, 功率因数0.77, 堵转 电流/额定电流=6.5, 重量75kg	1
4	电磁阀	DT1~DT22		DC 24V	22
5	伺服阀	SV1~SV4		−10mA~+10mA	4
6	电加热器	D1~D6	SRY2-220/2	AC220V, 2kW	6

6.1.3 泵的启动与停止

5台主泵及1台循环泵的吸油球阀处各设1个行程开关(B1~B6)。当吸油球阀处于全开状态时, 触发行程开关, 表示吸油球阀打开, 吸油管路畅通, 循环泵启动后, 主泵才能启动; 当吸油球阀关闭时, 行程开关未触发, 泵不能启动。

(1) 主泵(A1~A5): 每台主泵的出口处各设1个电磁溢流阀(电磁阀 DT1~DT5)作为泵的压力保护。主泵启动指令发出后, 相应的电磁溢流阀电磁铁得电(电磁阀 DT1~DT5 分别与主泵 A1~A5 对应), 同时主泵电机启动, 延时15s后电磁溢流阀电磁铁断电; 主泵停止指令发出后, 相应的电磁溢流阀电磁铁得电, 同时主泵电机失电停转, 延时10s电磁溢流阀电磁铁断电, 主泵完成停止运转过程。

(2) 循环泵(A6): 通过循环泵的"启动"和"停止"按钮可直接启动或停止循环泵的运行。

(3) 加油泵(A7): 通过加油泵的"启动"与"停止"按钮可直接启动或停止加油泵的运行。

6.1.4 主油箱的温度控制

主油箱上的电子温度控制仪(输出信号 0~20mA)用于检测主油箱的油温; 电磁阀 DT6 用于控制冷却水的投入; 电加热器 D1~D3 用于对主油箱中的油液加热。

（1）当主油箱的油温低于 25℃时，发出"主油箱油温低"的故障报警。这时需手动启动电加热器（D1～D3），对油液进行加热；当油箱的油温达到 30℃时，电加热器断电停止工作。为确保系统安全，一次加热的最长时间设定为 20min。若 20min 内油温未达到 30℃，油温低的故障报警不消除，此时需再次手动启动电加热器进行加热。液压站在自动加热状态下，根据设定的温度自动控制加热器的启动和停止。

（2）当主油箱的油温高于 43℃时，电磁阀（DT6）电磁铁得电，电磁阀打开，对油液进行冷却；当油温降至 35℃时，电磁阀电磁铁失电，停止冷却。

（3）当主油箱的油温高于 60℃时，主控室显示"重事故"，主控室和液压站操作箱均报警并停泵。

（4）注意：循环油泵 A6 未启动时严禁电加热器 D1～D3 得电。

6.1.5　辅助油箱的温度控制

辅助油箱上设有一个电接点温度计 C1，输出开关量信号。

（1）当加油泵 A7 启动后，若接点 C1.1 闭合，表示油箱的油温低于 25℃，发出"辅助油箱油温低"的故障报警。这时需手动启动电加热器（D4～D6），对油液进行加热；当电接点温度计的接点 C1.2 闭合时，表示油箱的油温达到 30℃，电加热器断电停止工作。

（2）为确保系统安全，一次加热的最长时间设定为 20min。若 20min 内油温未达到 30℃，油温低的故障报警不消除，此时需再次手动启动电加热器进行加热。

（3）注意：加油泵 A7 未启动时严禁电加热器 D4～D6 得电。

6.1.6　液位控制与过滤器压差控制

主油箱上同时设有两个（三点式）液位指示报警仪，用来控制油箱上的三个液位点。

（1）最高液位（F1.3 或 F2.3 接通）：主控室和液压站操作箱均报警。

（2）低液位（F1.2 或 F2.2 接通）：主控室显示"轻事故"，主控室和液压站操作箱均报警，应及时向油箱加油。

（3）最低液位（F1.1 或 F2.1 接通）：主控室显示"重事故"，主控室和液压站操作箱均报警，同时各泵停止运转或不能启动。

各泵出口处的过滤器及油箱上的回油过滤器及伺服阀蓄能器组上的过滤器均带有压差发讯器（E1 ~ E9）。

（1）当某个过滤器的前后压差达到 0.3MPa 时，该压差发讯器接通，表示过滤器已严重堵塞，主控室显示"重事故"，主控室和液压站操作箱均报警。

（2）辅助油箱上的过滤器 E10 堵塞后，仅声光报警，提示维护人员更换滤芯。

6.2 平面形状 AGC 控制系统

提高中厚板成材率的关键问题是提高其平面形状的矩形度。平面形状控制具体的工艺方法就是在成型道次和展宽道次轧制过程中将轧件轧成变截面的对称形状，变截面压下量大小必须实施精确控制才能保证成品的矩形化，为此对轧机的 AGC 控制系统提出必须满足形状的动态控制要求，即在液压缸带载压下和抬起过程中需要保证厚度控制曲线的精度。

钢板厚度控制算法以厚度计模型为基础，在轧制过程中基于实测的轧制力和辊缝值，间接计算出轧件出口厚度，再求出与目标厚度之差，以此为根据改变辊缝值，使轧出厚度与设定厚度保持一致，轧出厚度恒定[48~50]。

6.2.1 厚度计算模型

根据轧机弹跳方程可知，轧件的出口厚度与初始辊缝和轧制力有关，由于轧制过程中的辊缝是基于清零轧制力进行标定的，轧件的出口厚度可用下式表示：

$$h = S_0 + \Delta S = S_0 + \frac{P - P_0}{M} \tag{6-1}$$

式中 P_0——零点轧制力。

绝对 AGC 模型的核心部分即为可以通过模型的计算得到轧件精确的出口厚度，这直接决定了厚度控制的精度。在实际轧制过程中，除了上式所提到的初始辊缝、轧制力、零点轧制力和轧机刚度外，还有其他的影响因素，必须加以考虑[44~47]：

（1）轧辊挠曲变形。由轧件变形所产生的轧制力通过工作辊传递至支撑辊，再由支撑辊两侧轴承座作用于压下螺丝，最后传递至轧机两侧牌坊。所以轧机设备的弹性变形可以包含两部分：一部分是轧机牌坊的变形，一部分为工作辊的挠曲，工作辊的挠曲与轧件宽度、轧制力密切相关，轧件宽度越窄、轧制力越大，轧辊的挠曲变形越大。变厚度轧制过程中轧制力是不断变化的，轧辊的挠曲也随着变化，式（6-1）中仅考虑了轧机牌坊的弹性变形，其计算精度是无法满足厚度控制要求的。

（2）轧辊磨损。轧机换辊完成后，随着轧制过程的进行，由于工作辊与轧件的接触、工作辊与支撑辊的接触，工作辊和支撑辊不断磨损，磨损量直接影响了厚度的预测值。

（3）轧辊热膨胀。中厚板轧件温度较高，在轧制过程中轧件与轧辊接触，通过热传导、热辐射作用，轧辊温度逐步升高。轧辊本身有喷水冷却装置，进入稳定轧制状态后，轧辊的温度会达到平衡。由于生产过程中高级别钢种的待温控制及生产节奏控制问题，轧机常常并不连续生产，导致轧辊的温度始终处于变化过程，所以轧辊的热膨胀量是一个变化的过程。如果不考虑轧辊的热膨胀量，仍按照冷态工作辊状态进行厚度控制，将会导致轧件轧薄。

（4）油膜厚度。支撑辊的油膜厚度会随着转速、轧制力的变化而变化，转速越高、轧制力越小，油膜厚度越大。轧机上辊系的平衡和下辊系的压紧装置，使得油膜变厚，轧件实际的出口厚度要比计算值偏薄。同时油膜厚度的变化也会对 AGC 系统产生干扰，导致厚度调节方向相反，所以在模型中需要加以考虑，进行油膜厚度补偿。

（5）其他因素对厚度计算的影响。在以上对厚度计算的影响因素中，模型的预测值与实际值无法做到完全吻合，再加上现场其他因素的影响，轧件出口厚度的预测值与实际测量值之间还会存在一定的偏差，这个偏差可以通过轧机后面的测厚仪测量来进行补偿。也就是说，以上模型计算的厚度由测厚仪进行校验，得到测厚仪零点厚度修正值，这个修正值对下块钢板进行补偿，以保证异板差的稳定。

考虑以上厚度影响因素，轧件的实际出口厚度可以由式（6-2）计算：

$$h = S_0 + \frac{P - P_0}{M} + h_{oil}(P,w) - h_{roll}(P,n) + h_{wear} + h_{expansion} + h_{zero} \quad (6\text{-}2)$$

式中　　$h_{oil}(P,w)$——油膜厚度，mm；

　　　　$h_{roll}(P,n)$——轧辊挠曲，mm；

　　　　h_{wear}——轧辊磨损，mm；

　　　　$h_{expansion}$——轧辊热膨胀，mm；

　　　　h_{zero}——零点厚度修正，mm。

6.2.2　AGC 系统油柱设定

在平面形状控制道次，过程计算机设定一个厚度曲线，液压绝对 AGC 控制就是以这个设定厚度曲线作为基准，将按式（6-2）计算的厚度与设定厚度比较，调节液压缸油柱消除这个偏差，实现厚度控制目标。令 Δh 为设定厚度与计算厚度之差：

$$\Delta h = h_{set} - h_{cal} \quad (6\text{-}3)$$

根据轧机的弹跳曲线可知，要消除此厚度偏差，辊缝的调节量为：

$$\Delta S = -\left(1 + \frac{Q}{M}\right)\Delta h \quad (6\text{-}4)$$

液压 AGC 的油柱调整是在液压 APC 基础上进行的，假设液压 APC 的基准油柱为 Y_{base}，则 k 时刻油柱相对于 AGC 投入前的调整量为：

$$\Delta Y_k = S_k - S_0 \quad (6\text{-}5)$$

式中　　S_k——AGC 投入后 k 时刻辊缝值；

　　　　S_0——AGC 投入前的辊缝值（道次间摆辊缝结束）。

在 k 时刻检测到设定厚度与计算厚度之差，按式（6-4）计算 $k+1$ 时刻油柱的调整量：

$$\Delta Y_{k+1} = \left(1 + \frac{Q}{M}\right)\Delta h_k \quad (6\text{-}6)$$

由此得到油柱的最终设定公式：

$$Y_{k+1} = Y_{base} + (S_k - S_0) + \left(1 + \frac{Q}{M}\right)\Delta h_k \quad (6\text{-}7)$$

式中　　Y_{k+1}——$k+1$ 时刻油柱设定；

Y_{base} ——液压 APC 摆辊缝的基准油柱；

$S_k - S_0$ ——k 时刻油柱已调整量；

$\left(1 + \dfrac{Q}{M}\right)\Delta h_k$ ——k 时刻检测到的厚度偏差。

6.3　控制功能实现

平面形状控制功能在线实现，需要在理论控制模型基础上考虑在线应用的具体问题，并给予解决。

6.3.1　轧件长度微跟踪计算

平面形状控制主要功能是针对不同的展宽比和延伸比设定带载压下量，由自动化系统保证头尾压下和抬起的对称性。平面形状控制过程是垂直方向的压下速度与水平方向轧制速度相互配合完成的。轧件咬入后，轧件轧制长度的跟踪精度决定了最终的控制形状是否能够满足压下曲线的设定要求。

从咬钢后轧制力的变化情况可以看出，轧件咬钢与抛钢对应的轧制力曲线的位置是不同的（图6-1）。由此可以对咬钢信号与抛钢信号进行如下定义：

（1）咬钢信号：测量轧制力大于预测轧制力的80%；

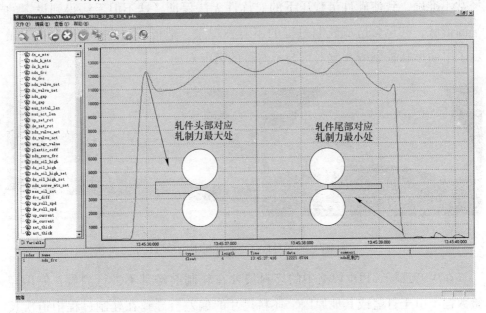

图6-1　轧件咬钢与抛钢对应的轧制力曲线

（2）抛钢信号：测量轧制力小于预测轧制力的20%。

轧件的实际轧制长度从轧件咬钢后开始计算，抛钢时计算结束，具体计算方法如下：

$$l = \Sigma(S_h v \Delta t)$$

式中　S_h——前滑值；

　　　v——工作辊线速度测量值，m/s；

　　　Δt——PLC 计算周期时间，s。

前滑值是轧辊直径 D、轧件厚度 h 及中性角 γ 的函数，可用如下公式计算：

$$S_h = \frac{(1 - \cos\gamma)(D\cos\gamma - h)}{h}$$

6.3.2　轧件道次预测长度自学习

在平面形状投入道次，轧制前需要预测轧件的轧出长度，道次轧出长度预测精度越高，平面形状带载压下曲线的执行精度也越高，即轧件的压下曲线对称控制精度越高。由于受到坯料尺寸精度的影响，轧件道次长度的预测经常不准确，致使轧件带载压下的对称性无法保证，这不但无法得到设定的平面形状，甚至会造成轧制过程的不对称现象，造成成材率下降。图 6-2 显示了平面形状控制时头尾对称与不对称的情况对比。

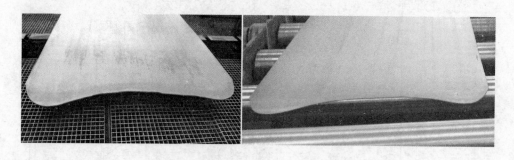

图 6-2　头尾对称与不对称压下结果对比

在生产现场，PDI 数据中的坯料尺寸在轧制前经常不进行测量，使用经验数据，由于打磨或其他原因，坯料尺寸的偏差会导致在轧制过程中道次长度预测的不准确，直接影响平面形状控制头尾的对称性。为了能够弥补坯料的尺寸精度，建立了坯料尺寸的自学习方法，基于指数平滑法以本块钢板轧制完成的实际长度对下块钢板的预测长度进行加权学习。

指数平滑法是在移动平均法基础上发展起来的一种时间序列分析预测法，它是通过计算指数平滑值，配合一定的时间序列预测模型对现象的未来进行预测。其原理是任一时刻的指数平滑值都是本期实际观察值与前一时刻指数平滑值的加权平均。指数平滑法的写法如下：

$$\hat{\beta}_{n+1} = \hat{\beta}_n + \alpha(\beta_n^* - \hat{\beta}_n) \tag{6-8}$$

式中 $\hat{\beta}_n$ ——第 n 次设定或控制时 β 的预报值；

β_n^* ——第 n 次设定或控制后 β 的实测值；

α ——增益系数，$0 \leq \alpha \leq 1$。

此式的意义是：在进行第 $n+1$ 次设定或者控制时用第 n 次的数据所推算的 β_n^* 以及原先对 β 的估计 $\hat{\beta}_n$，根据此式对 β 参数先做一预报——$\hat{\beta}_{n+1}$，用此预报的 $\hat{\beta}_{n+1}$ 值进行第 $n+1$ 次的设定或控制，在进行第 $n+1$ 次设定或控制后，即可获得第 $n+1$ 次的实测数据值 β_{n+1}^*。由于式中 $\hat{\beta}_n$ 包括了 $(\beta_{n-1}^* - \hat{\beta}_{n-1})$ 的信息，而 $\hat{\beta}_{n-1}$ 又包括了 $(\beta_{n-2}^* - \hat{\beta}_{n-2})$ 的信息，因此指数平滑公式又可以写成如下形式：

$$\begin{aligned}
\hat{\beta}_{n+1} &= \hat{\beta}_n + \alpha(\beta_n^* - \hat{\beta}_n) = \alpha\beta_n^* + (1-\alpha)\hat{\beta}_n \\
&= \alpha\beta_n^* + (1-\alpha)\left[\alpha\beta_{n-1}^* + (1-\alpha)\hat{\beta}_{n-1}\right] \\
&= \alpha\beta_n^* + \alpha(1-\alpha)\beta_{n-1}^* + \alpha(1-\alpha)^2\beta_{n-2}^* + (1-\alpha)^3\hat{\beta}_{n-2} \\
&\qquad\qquad\qquad \cdots \\
&= \alpha\beta_n^* + \alpha(1-\alpha)\beta_{n-1}^* + \alpha(1-\alpha)^2\beta_{n-2}^* + \\
&\quad \alpha(1-\alpha)^3\beta_{n-3}^* + \cdots + \alpha(1-\alpha)^\gamma\beta_{n-\gamma}^* + \cdots + \\
&\quad \alpha(1-\alpha)^{n-1}\beta_1^* + (1-\alpha)^n\hat{\beta}_1 \tag{6-9}
\end{aligned}$$

因为 $\hat{\beta}_{n+1}$ 中包含了 n、$n-1$、$\cdots$、1 各次的实测信息及原始值 $\hat{\beta}_1$，但由于 α 小于1，因此越离 $n+1$ 次远的信息被利用得越少。

使用钢板道次实际轧制的长度对根据坯料尺寸预测的道次长度进行学习，适应坯料尺寸的变化，保证平面形状控制的头尾带载压下的对称性。指数平滑法对钢板长度学习方法如下：

（1）道次长度预测值与实测值之间的偏差通过调整系数 C_{adj} 进行补偿，认为平面形状投入道次钢板实际长度等于按照体积不变公式预测的长度值乘以调整系数，即：

$$L_{实际长度} = C_{adj} L_{体积不变公式预测长度} \tag{6-10}$$

（2）取最近 n 块（假设 $n=10$）同一规格轧制的钢板（第10块为最近轧制），每块钢板轧制完成后均可得到按速度、前滑值计算的实际长度和按体积不变公式的预测长度，得到如下10个调整系数序列数据：

$$C_{adj} = \{ C_{adj}^{10}, C_{adj}^{9}, \cdots, C_{adj}^{1} \} \tag{6-11}$$

（3）按照公式（6-9）由10个调整系数 C_{adj} 按照指数平滑学习方法得到最新的长度调整修正系数 C_{adj}^{11}，将 C_{adj}^{11} 用于下块钢板的长度预测，即：

$$L_{道次预测长度}^{11} = C_{adj}^{11} L_{体积不变公式预测长度} \tag{6-12}$$

图6-3为根据前 n 块钢板的预测长度和实际长度对下块钢板预测长度的学习过程。

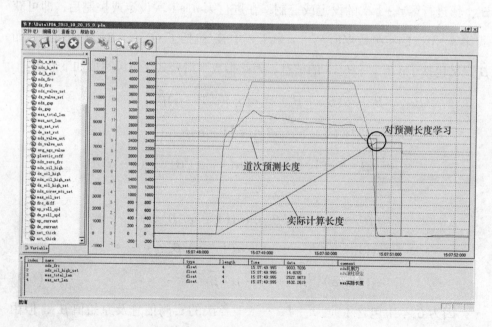

图6-3　平滑指数法对钢板预测长度学习

6.3.3　压下曲线设定

横轧阶段是钢板的展宽阶段，在横轧末道次投入平面形状控制功能时，

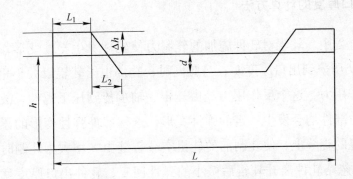

需要考虑带载压下对钢板成品宽度的影响,即在原来出口厚度为 h 所轧制的长度和投入平面形状带载压下后得到的轧制长度应该相同[40~43]。

如图 6-4 所示,平面形状控制带载压下后,头尾的厚度和中间厚度是不同的,为了保证与原来出口厚度为 h 的情况下轧出的长度 L 相同,根据体积不变原则,需要对初始辊缝进行调整,得到:

$$d = \frac{\Delta h(2L_1 + L_2)}{L} \tag{6-13}$$

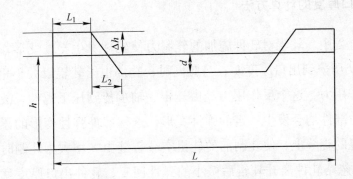

图 6-4 横轧末道次带载压下需要保持原来轧制长度不变

这样,在横轧末道次平面形状投入时的头尾厚度为 $h - d + \Delta h$,中间的控制厚度为 $h - \Delta h$,即可保证轧制长度不变。

为了方便进行平面形状的带载压下控制,压下曲线可用 6 个点来表示(图 6-5),在基础自动化程序中只需按照钢板轧制长度设置 $A_1 \sim A_6$ 的坐标,两个点之间的值由线性插值进行计算。

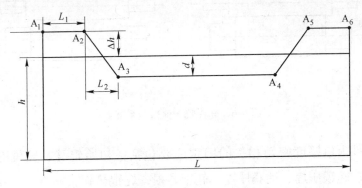

图 6-5 平面形状带载压下曲线关键点

6.4 平面形状高精度厚度控制

平面形状常用的控制方法是令设定辊缝按照设定曲线进行带载压下，当辊缝减小时，由于应变变大，轧制力随之变大，造成轧机弹跳、轧辊挠曲和轧辊压扁发生变化，影响了带载压下曲线的控制精度。为了能够使得轧件的厚度按照压下曲线变化，必须采用精度更高的绝对 AGC 模型。

6.4.1 出口厚度的计算方法

轧制过程中，轧辊对轧件施加的轧制力使轧件发生塑性变形，使轧件从入口厚度 H 压薄到出口厚度 h；与此同时，轧件也给轧辊以大小相等、方向相反的反作用力，这个反作用力经由轧辊、轴承传到压下螺丝、液压缸和牌坊上，受力部件均会发生一定的弹性变形，这些部件弹性变形的累计结果都反映在轧辊的辊缝上，使轧制前的轧机空载辊缝由 S 增大为轧制时的有载辊缝 h。如果忽略轧件离开轧辊后微小的弹性回复，轧件出口厚度就等于轧机的有载辊缝。轧件咬入前后辊系变形如图 6-6 所示。

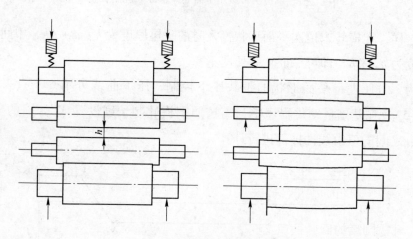

图 6-6 轧件咬入前后辊系变形

与轧件出口厚度密切相关的因素主要包括：初始辊缝、轧机牌坊变形、轧辊挠曲、轧辊压扁、油膜厚度、轧辊磨损、轧辊热膨胀。

以上厚度影响项只有辊缝可以利用传感器直接测量，其他影响项无法直接测量，需要根据轧制力、宽度、速度等参数进行计算。特别是其中的牌坊变形、轧辊挠曲及辊间压扁的计算结果直接影响了厚度计算的精度。为了能够得到轧机牌坊和辊系的刚度，常采用全辊身压靠的方法进行测量，即在两个工作辊接触的情况下，不断改变 AGC 液压缸压力，测量得到一组压力与液压位置的数据。全辊身压靠数据中包含轧机牌坊变形、支撑辊辊径弯曲，以及工作辊之间、工作辊与支撑辊之间的弹性压扁[23~27]。

对刚度数据的处理常常使用下面两种方法：

（1）单独计算支撑辊辊径弯曲、支撑辊与工作辊压扁及工作辊间压扁，并在测量数据中刨除，得到的数据为轧机牌坊变形与轧制力之间的对应关系；在实际轧钢时计算牌坊变形＋工作辊弯曲＋工作辊与轧件压扁，求厚度，即：

轧件厚度 ＝ 设定辊缝 ＋ Y（支撑辊辊径弯曲、辊间压扁、牌坊变形）－

$\qquad Y_0$（支撑辊辊径变形、辊间压扁、牌坊变形）＋ 支撑辊辊身弯曲 －

$\qquad$ 工作辊间压扁 ＋ 工作辊与轧件压扁 ＋ 轧辊磨损 －

$\qquad$ 轧辊热凸度 － 油膜轴承厚度 ＋ 厚度零点修正

（2）将支撑辊辊径弯曲、压扁及轧机牌坊变形与轧制力密切相关因素作为一个整体进行曲线回归，得到这些变形与轧制力关系；实际轧钢时计算以上变形＋支撑辊弯曲＋工作辊与轧件压扁，求厚度，即：

轧件厚度 ＝ 设定辊缝 ＋ 牌坊变形（P）－ 牌坊变形（P_0）＋ 支撑辊辊径弯曲 ＋

$\qquad$ 支撑辊辊身弯曲 ＋ 工作辊与支撑辊之间压扁 ＋

$\qquad$ 工作辊与轧件压扁 ＋ 轧辊磨损 － 轧辊热凸度 －

$\qquad$ 油膜轴承厚度 ＋ 厚度零点修正

本书对于厚度的预测采用第（2）种方法。

6.4.2 轧机刚度的回归处理

在刚度测试过程中，轧机工作辊直接接触，不断增加液压缸油柱，记录辊缝与轧制力关系。刚度测试完成后得到液压位置变化与压力对应数据，就可以对其进行回归并用公式进行拟合处理。为了提高厚度计算精度，可用如下多次曲线进行回归：

$$Y = A_0 + A_1 x^{0.5} + A_2 x + A_3 x^{1.5} + A_4 x^2 \qquad (6\text{-}14)$$

式中　　Y——轧机弹跳变化，mm；

　　　　x——轧制力，kN/10000；

$A_0 \sim A_4$——回归系数。

图6-7为全辊身压靠刚度测试数据及公式回归情况，为了整定参数，水平轴为轧制力(kN/10000)，对采集得到的辊缝数据取反得到刚度测试过程轧机牌坊弹跳、支撑辊弯曲及压扁变化。可以看出，回归后的曲线可以很好地拟合测量数据，拟合数据中包含轧机牌坊立柱弹跳和轧辊间压扁。

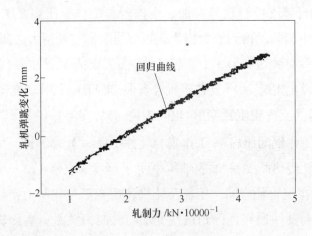

图6-7　轧机刚度曲线

6.4.3　油膜厚度的计算

支撑辊油膜厚度对轧件出口厚度有直接影响。油膜厚度直接与支撑辊转速和轧制力的大小密切相关，轧制力越小、转速越高，油膜越厚。其测量方法可以在液压缸工作于压力闭环时，通过改变支撑辊转速、压力基准，测量辊缝的改变量。由于轧机处于压力闭环，这个辊缝改变量可以看做是油膜的厚度变化[28~32]。

一般情况下，支撑辊辊速变化范围为 $0 \sim 70\text{r/min}$，轧制力变化范围为 $0 \sim 50000\text{kN}$，为了能够对油膜厚度进行拟合，自变量 x 采用如下形式：

$$x = \frac{F}{1000 \times N} \tag{6-15}$$

式中　　F——轧制力，kN；

N——支撑辊转速，r/min。

图 6-8 中的散点为油膜厚度变化情况。为了得到油膜厚度与轧制力、转速之间的关系，我们采用以下公式对油膜厚度数据进行拟合：

$$h_{\text{oil}} = ax^b \tag{6-16}$$

式中　h_{oil}——油膜厚度，mm；

　　　x——自变量；

　a，b——油膜厚度影响系数。

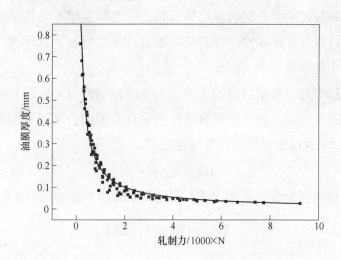

图 6-8　油膜厚度计算模型

按照公式（6-16）对采集的数据处理并拟合后得到系数如下：

$$a = 0.18493, \quad b = -0.88085$$

得到的油膜计算公式可以直接应用于厚度计算公式中，根据实际轧制力和轧辊转速在线计算实际油膜厚度，保证厚度计算精度。

6.4.4　宽度补偿的计算

全辊身压靠曲线中包含了辊径在不同轧制压力条件下的弯曲变形，在轧制钢板时，根据钢板宽度和轧制力的不同，轧辊辊身会发生弯曲，这个弯曲量的计算精度直接影响了厚度预测的结果[33~35]。

在全辊身压靠曲线计算得到轧机弹跳与压扁的基础上，增加轧辊弯曲对厚度计算的影响项，简化后的公式如下：

$$\Delta bend = (P - P_{\text{zero}}) \times \frac{C_1 + C_2 \times (width - L_{\text{轧辊长度}})}{C_3} \tag{6-17}$$

式中　　　　P——实际轧制力，kN；

　　　　　　P_{zero}——零点轧制力，kN；

　　C_1，C_2，C_3——轧辊弯曲影响系数。

6.4.5　带载压下过程的绝对 AGC 控制

厚度计算公式中的轧辊磨损、轧辊热凸度及厚度零点修正值变化比较缓慢，由二级过程计算机在发送规程至基础自动化时更新，这样就可以在基础自动化系统中建立厚度预测模型[36~39]。

轧制过程中通过将基础自动化系统的厚度预测值与平面形状带载压下厚度设定曲线进行比较，调节液压缸油柱消除这个偏差，实现平面形状厚度控制目标。令 Δh 为设定厚度与计算厚度之差：

$$\Delta h = h_{\text{set}} - h_{\text{cal}} \tag{6-18}$$

根据轧机的弹跳曲线可知，要消除此厚度偏差，辊缝的调节量为：

$$\Delta S = -\left(1 + \frac{Q}{M}\right)\Delta h \tag{6-19}$$

液压 AGC 的油柱调整是在液压 APC 基础上进行的，假设液压 APC 的基准油柱为 Y_{base}，则 k 时刻油柱相对于 AGC 投入前的调整量为：

$$\Delta Y_k = S_k - S_0 \tag{6-20}$$

式中　S_k——AGC 投入后 k 时刻辊缝值；

　　　S_0——AGC 投入前的辊缝值。

在 k 时刻检测到设定厚度与计算厚度之差，按式（6-20）计算 $k + 1$ 时刻油柱的调整量：

$$\Delta Y_{k+1} = \left(1 + \frac{Q}{M}\right)\Delta h_k \tag{6-21}$$

由此得到油柱的最终设定公式：

$$Y_{k+1} = Y_{\text{base}} + (S_k - S_0) + \left(1 + \frac{Q}{M}\right)\Delta h_k \tag{6-22}$$

式中　　　Y_{k+1}——$k + 1$ 时刻油柱设定；

Y_{base} ——液压 APC 摆辊缝的基准油柱；

$S_k - S_0$ —— k 时刻油柱已调整量；

$\left(1 + \dfrac{Q}{M}\right)\Delta h_k$ —— k 时刻检测到的厚度偏差。

在平面形状投入道次利用伺服阀驱动液压缸按照设定厚度曲线对钢板实施控制，能够减小带载厚度压下的误差，提高平面形状控制的精度。

7 中厚板平面形状控制的工业实践

随着最近几年国内钢铁形势的快速变化，当前中厚板产能严重过剩，原有的以产量为导向，粗放式生产的模式只能使中厚板企业生产越多亏损越多。如何提高生产率，提高成材率，成为钢铁企业尤其是中厚板企业共同面临的问题，平面形状控制技术作为一种提高成材率非常有效的方法也重新被中厚板企业所重视。

国内近十年来新建和改造了一大批中厚板轧机，其中东北大学轧制技术及连轧自动化国家重点实验室承担了很大部分轧机自动化系统设计开发和调试的任务，后续进行平面形状控制技术的开发和现场应用具有较好的基础。下面以三明钢铁公司3000mm中厚板轧机生产线为例介绍最近开展的平面形状控制技术的工业实践情况。

7.1 生产线概况

三明钢铁公司3000mm中厚板轧机生产线的主体设备为双机架四辊可逆轧机，其他配套设备包括：3座加热炉、高压水除鳞系统、ACC + 超快冷装置、热矫直机、冷床、翻板检查台架、切头剪、双边剪、定尺剪、收集装置，年生产规模120万吨。

7.1.1 工艺布置

轧区前后相关生产工艺流程简图如图7-1所示，坯料入炉加热至相应温度后出炉进行高压水除鳞，运送到轧区进行轧制；在粗轧机进行成型轧制、展宽轧制以及延伸轧制的待温前阶段；在粗轧机和精轧机之间进行待温；待温到控温温度后运送到精轧机进行轧制直至达到最终尺寸要求；运送至控制冷却系统进行冷却；冷却完成后运送到矫直机进行矫直。

平面形状控制功能的投入在成型轧制和展宽轧制阶段的末道次。

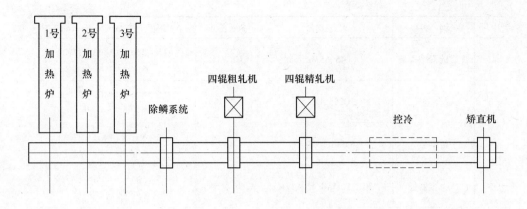

图 7-1 轧区工艺布置简图

7.1.1.1 轧机工艺设备参数

双机架轧机的主要工艺参数如表 7-1 所示。

表 7-1 粗轧机和精轧机的主要工艺参数

粗 轧 机							
最大轧制力/kN	最大轧制力矩/kN·m	电机功率/kW	轧制速度/m·s⁻¹	支 撑 辊		工 作 辊	
				轧辊直径/mm	轧辊长度/mm	轧辊直径/mm	轧辊长度/mm
50000	4800	2×4500	0~±4.18	1650~1800	2800	940~1000	3000

精 轧 机							
最大轧制力/kN	最大轧制力矩/kN·m	电机功率/kW	轧制速度/m·s⁻¹	支 撑 辊		工 作 辊	
				轧辊直径/mm	轧辊长度/mm	轧辊直径/mm	轧辊长度/mm
55000	4000	2×5500	0~±6.28	1650~1800	2800	940~1000	3000

7.1.1.2 产品

生产线产品大纲如表 7-2 所示；成品和坯料的尺寸规格如表 7-3 所示。

表 7-2 按品种分类的产品大纲

序号	钢 种	代表钢号	执行标准	钢板规格/mm×mm×mm
1	碳素结构板	Q195~Q275	GB/T 700	(5~80)×(1400~2700)×(3000~12000)

序号	钢　种	代表钢号	执行标准	钢板规格/mm×mm×mm
2	优质碳素结构板	45、65Mn	GB 711	(5~50)×(1400~2700)×(3000~12000)
3	低合金板	Q295、Q345	GB/T 1591	(5~80)×(1400~2700)×(3000~12000)
4	桥梁板	16Mnq、15MnVq	GB 714	(5~50)×(1400~2700)×(3000~12000)
5	压力容器板	20R、16MnR、15MnVR	GB 6654	(5~50)×(1400~2700)×(3000~12000)
6	锅炉板	20g、16Mng	GB 713	(5~50)×(1400~2700)×(3000~12000)
7	造船板	A、B、D、E、AH32、DH32、EH32、AH36、BH36、DH36、EH36	GB 712	(5~50)×(1400~2700)×(3000~12000)
8	建筑结构板	A709、A572	ASTM、JISG3133	(5~50)×(1400~2700)×(3000~12000)

表 7-3　成品和坯料尺寸规格

成品规格			坯料规格		
厚度/mm	宽度/mm	长度/mm	厚度/mm	宽度/mm	长度/mm
5~80	1400~2700	3000~12000	180, 220, 250, 270	1000~1600	1600~2800

7.1.2　机械液压及自动化系统

7.1.2.1　机械液压系统

三明钢铁公司 3000mm 轧机上安装有顶帽传感器，用于测量轧机两侧压下螺丝的位置移动。液压缸行程检测采用 RAL 实验室的专利技术，如图 7-2 所示：液压缸柱塞中心位置安装 MTS 传感器，用于测量液压缸柱塞的位置移动，其定位精度为 1μm。轧制力传感器为压磁式矩形测力压头，安装在轧机下支撑辊下面，直接测量轧机两侧的轧制力；油压传感器用来测量液压缸油压，主要用于对液压缸位置控制和压力控制闭环的放大倍数的补偿。

此轧机的 AGC 液压系统由一个工作压力为 28MPa 的液压站和两个蓄能器

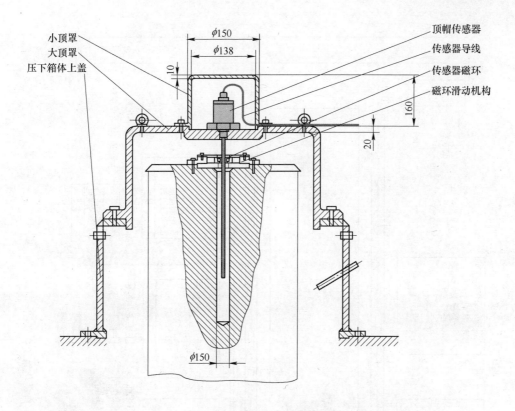

图 7-2　液压缸行程检测

组、伺服阀控制阀组等组成，两个伺服阀控制阀组分别位于 3000mm 轧机出口一侧压下油缸附近牌坊上，两个伺服阀组前的蓄能器和过滤器分别位于轧机两平台的操作侧和传动侧。液压系统具体参数如表 7-4 所示。

表 7-4　液压系统参数

项　目	参　数	项　目	参　数
缸体直径/mm	φ1200	有杆腔工作压力/MPa	2～3
活塞杆直径/mm	φ1100	无杆腔工作压力/MPa	25～28
液压缸工作行程/mm	40	液压缸最大压下速度/mm·s^{-1}	20
液压缸最大行程/mm	55		

7.1.2.2　自动化系统

轧区自动化系统的配置如图 7-3 所示。

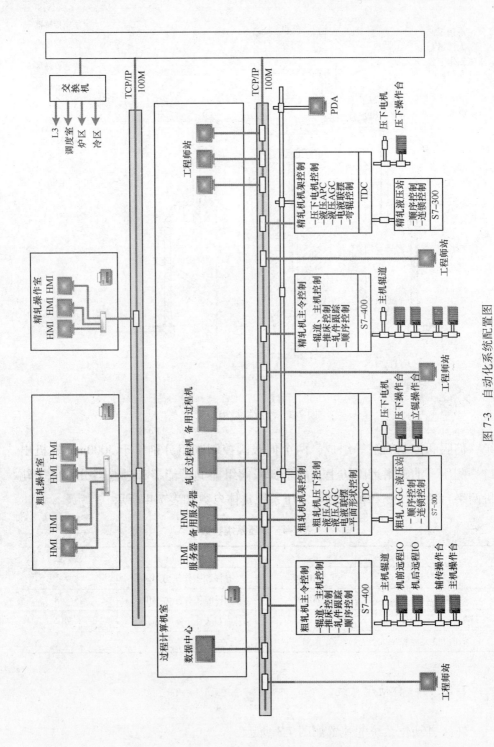

图 7-3 自动化系统配置图

基础自动化系统部分包括：粗轧机和精轧机的机架控制和主令控制部分。机架控制主要完成粗轧机和精轧机与厚度相关的工艺控制功能，包括液压APC、液压AGC、电液联摆等功能。主令控制部分完成粗轧机和精轧机的水平方向辊道控制、主机控制以及推床控制、轧机跟踪和其他顺序控制功能。根据这两部分对控制响应速度的要求，分别采用西门子的TDC和S7-400系列PLC作为机架控制和主令控制的硬件设备。另外选用西门子的S7-300系列PLC来完成AGC液压站的顺序控制和连锁控制等控制功能。

平面形状控制功能需要在粗轧阶段完成，因此在粗轧机机架控制部分增加平面形状控制功能。

轧机过程控制系统采用两台HP DL580 PC服务器作为过程控制系统的硬件设备，一台在线运行，一台作为备用。采用Visual Studio作为过程控制系统的开发软件。

轧机人机界面HMI系统采用西门子WinCC软件进行开发，基于服务器客户端形式。服务器采用两台HP DL580 PC服务器作为人机界面服务器硬件设备，一台在线运行，一台作为备用。客户端采用工业PC机，在粗轧机和精轧机的操作室根据操作需要布置多台终端设备。

另外，基于数据管理和数据通讯的需要，设置数据中心服务器，并通过交换机与MES系统，以及炉区和后续控冷区进行数据交换。

7.2 系统改造

为了实现平面形状控制技术，对原轧机的液压及自动化系统进行了相应的升级改造。原液压系统的流量较小，无法满足平面形状控制功能带载压下和抬起的速度要求，为此更换了伺服阀，增大了液压压下速度。另外对自动化系统进行改造，增加了平面形状控制功能。

7.2.1 液压系统改造

钢板平面形状的控制效果直接受到液压压下速度的影响，如果液压带载压下和抬起速度不够，液压缸就无法跟随压下曲线的设定，如图7-4所示，使得平面形状控制效果不明显。现场原来使用的伺服阀流量小，最大压下速度为16mm/s，在更换大流量伺服阀后，最大压下速度提高至20mm/s，在水平轧制速度为 1m/s 的情况下，可以实现每轧制 100mm 长度情况下液压带载压下量为 2mm/s（图 7-5）。

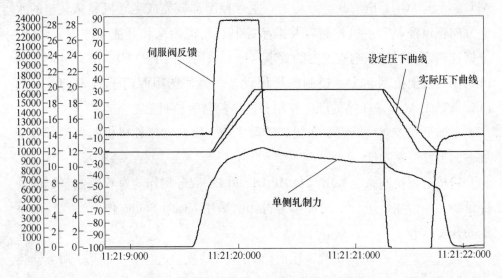

图 7-4　伺服阀流量小无法满足带载压下要求

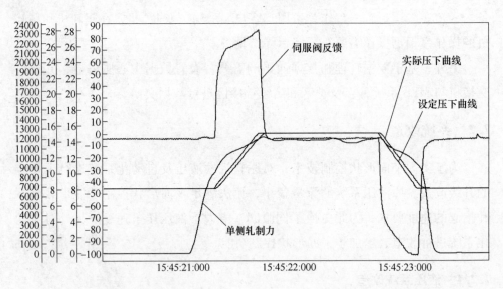

图 7-5　更换大流量伺服阀后压下曲线设定与反馈对比曲线

7.2.2　自动化系统改造

为实现平面形状控制功能，对自动化系统进行升级改造。

7.2.2.1 过程控制系统

在二级过程控制系统中增加平面形状控制的设定功能模块，根据不同的尺寸规格和轧制规程，计算平面形状控制的设定量，传递给基础自动化。

通过通讯平台，过程计算机模型与基础自动化的平面形状的控制参数交换如表 7-5 所示。

表 7-5　平面形状控制参数数据交换

序　号	数　据	来　源	说　明
1	PDI 数据	数据库	直接在数据中查询
2	轧制力	基础自动化	数据采集
3	辊缝	基础自动化	数据采集
4	轧制道次数	基础自动化	数据采集
5	头尾前滑值	二级过程机计算	发送至基础自动化
6	中部前滑值	二级过程机计算	发送至基础自动化
7	轧件道次预测长度 L	二级过程机计算	发送至基础自动化
8	平面形状头尾长度 L_1	二级过程机计算	发送至基础自动化
9	平面形状中部长度 L_2	二级过程机计算	发送至基础自动化
10	平面形状带载压下量 dh	二级过程机计算	发送至基础自动化

7.2.2.2 基础自动化系统

在基础自动化中增加平面形状控制功能，根据二级设定量，进行平面形状控制道次的压下量变化控制。

如图 7-6 所示，在成型阶段末道次和展宽阶段末道次，根据二级设定结果，基础自动化控制液压缸油柱，调整该道次的辊缝，实现成型阶段和展宽阶段的平面形状控制功能。

平面形状控制道次的实际控制效果如图 7-7 所示，轧件长度跟踪非常准确，与预测长度基本吻合；实际油柱与设定油柱的跟随性较好，轧制力变化稳定，两侧有较好的对称性。

7.2.2.3 人机界面系统

在人机界面中增加平面形状控制的显示和干预功能，可以显示平面形状控制的设定数据，并可以由操作工进行参数的修改。

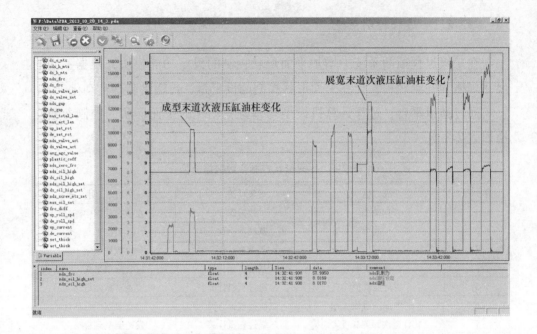

图 7-6　基础自动化平面形状控制道次的辊缝控制曲线

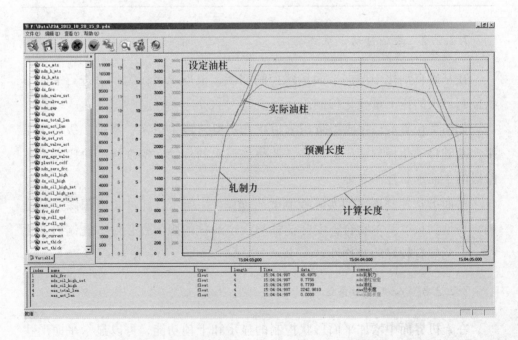

图 7-7　基础自动化平面形状油柱与轧制力控制曲线

图 7-8 为轧制过程中平面形状参数设置画面，轧制工艺采用横-纵轧制方式，在横轧的末道次（第二道次）进行平面形状控制，控制头尾的形状。

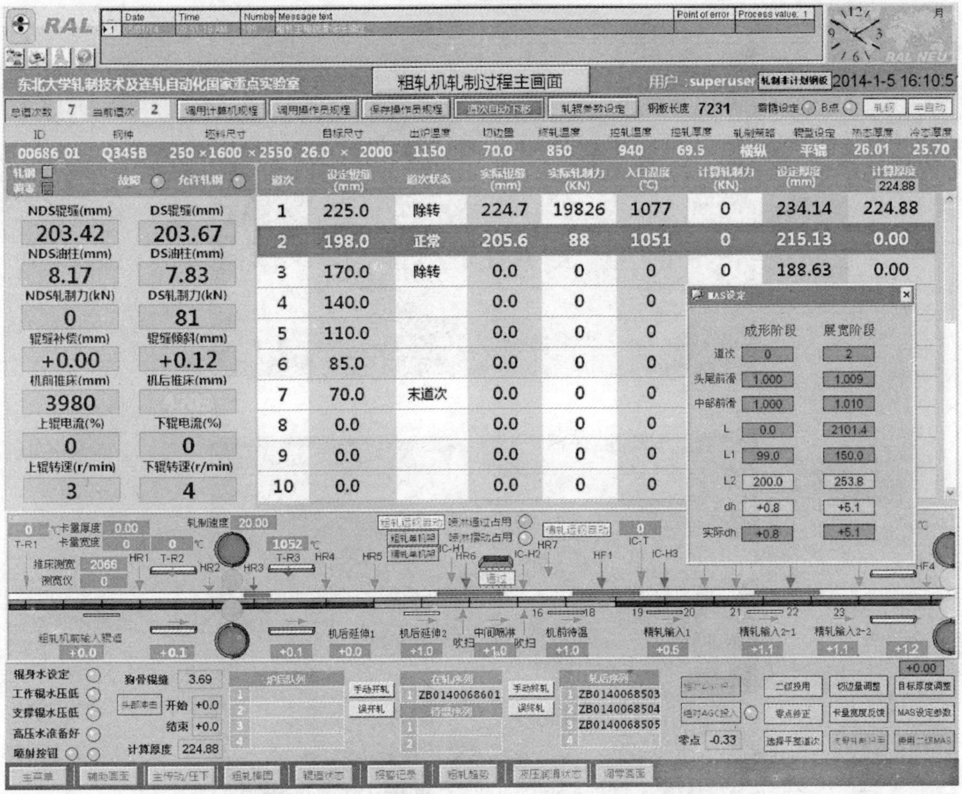

图 7-8 粗轧机平面形状参数设置画面

7.3 现场应用

2012 年下半年，在该轧机生产线上首先进行了平面形状控制技术的工业应用现场试验，初步考察了设备能力并验证了平面形状控制技术对成材率提高的效果。

2013 年 1 月签订了在该条轧机生产线上实现平面形状控制技术的开发合同，利用检修时间完成了液压系统和自动化系统的升级改造，并于 2013 年 4 月后稳定投入，至 2013 年 12 月全面达到了合同要求的指标。

图 7-9 为平面形状控制功能应用效果的现场照片，投入前轧制产品的头

尾圆头非常明显，投入后该情况得到明显改善，可以大幅减少切头尾量。

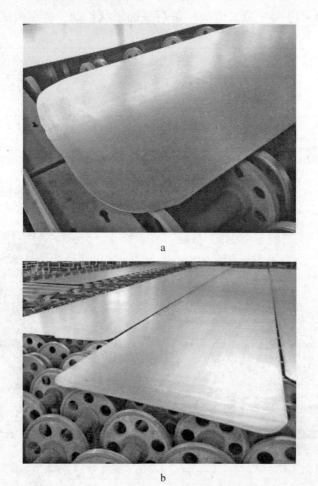

图 7-9 平面形状控制应用对比图

a— 无 MAS 轧制功能头部形状；b—投入 MAS 轧制功能头部形状

该生产线在平面形状控制功能投入前后的综合成材率统计结果见表 7-6以及图 7-10。在未投入平面形状控制功能的 2011 年，全年综合成材率为92.28%；2012 年下半年进行平面形状控制技术的工业应用实验，全年综合成材率为 93.03%。2013 年 4 月以后，平面形状控制技术在线稳定运行，随后每个月的综合成材率稳定提升，至 2013 年 12 月，综合成材率提高到93.86%。与 2011 年相比，综合成材率提高超过 1%。

表 7-6 综合成材率统计表

时 间	综合成材率/%	时 间	综合成材率/%
2011 年全年	92.28	2013 年 8 月	93.76
2012 年全年	93.03	2013 年 9 月	93.73
2013 年 4 月	93.68	2013 年 10 月	93.72
2013 年 5 月	93.67	2013 年 11 月	93.80
2013 年 6 月	93.79	2013 年 12 月	93.86
2013 年 7 月	93.56		

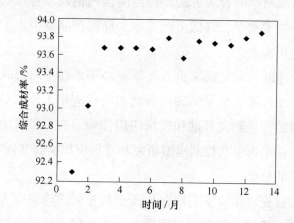

图 7-10 综合成材率统计图

8 结 语

中厚板轧机的平面形状控制技术是使产品矩形化、减小轧件的切头尾和切边损失、提高成材率的有效方法。在当前国内钢铁形势严峻、各中厚板企业着力提升生产技术水平、降低生产成本、提高产品竞争力的情况下，该技术将有很大的应用需求。

轧制技术及连轧自动化国家重点实验室多年来在中厚板轧机的生产工艺和自动化控制方面开展了大量的理论研究和实际应用工作，对平面形状控制技术积累了深厚的理论研究基础和现场应用经验。针对目前中厚板企业的现状和需求，最近在平面形状控制模型研究和现场应用实践方面积极开展工作，取得了比较显著的效果。

本研究报告首先对实验室前期在平面形状控制理论研究方面的工作进行梳理和整理；针对该技术的现场应用推广，从机械液压设备以及自动化系统方面进行系统设计；并结合具体的现场推广应用项目，介绍该工业应用情况及应用效果。具体工作内容包括：

（1）基于有限元数据模拟，对不同生产条件的单道次轧后轧件平面形状进行模拟，根据模拟数据回归得到单道次轧制后轧件头部凸形曲线和边部凹形曲线模型；在单道次预测模型基础上推导得到多道次轧后轧件平面形状预测数学模型；通过对多道次轧制过程分析，按轧制阶段和轧制道次推导出成型轧制阶段、展宽轧制阶段和精轧阶段的轧后轧件平面形状计算公式，最终得出中厚板轧后轧件平面形状预测数学模型；基于平面形状预测数学模型，根据体积不变原理，推导出平面形状控制道次的控制模型。

（2）对数值模拟方法建立的平面形状预测模型和控制模型进行简化，将厚度变化区间内厚度变化量与长度简化成线性关系，满足现场应用的需要；根据中厚板轧制过程的特点，应用全黏着条件前滑模型，并在该模型的基础上，推导楔形段轧制时间的理论计算公式，得到楔形段轧制过程中时间和楔形段长度以及时间和楔形段厚度的关系式，通过离散化处理得到工程应用的数值解；给出平面形状控制参数的计算以及极限值检查和修正过程。

（3）针对平面形状控制技术的现场应用，开展机械液压及自动化系统的设计工作。明确针对双机架轧机或单机架轧机在轧机设备选型方面应该考虑的要求、平面形状控制对 AGC 液压缸及液压系统的要求，以及自动化系统在基础自动化、过程控制系统及人机界面系统方面为满足平面形状控制技术应用应做的工作。

（4）针对平面形状控制技术现场应用的具体问题开展研究工作：对轧件长度进行精确的微跟踪；通过自学习提高轧件道次长度的预测精度；对辊缝设定进行修正，补偿平面形状控制道次对轧件宽度的影响；采用高精度的绝对 AGC 模型提高厚度控制精度。

（5）以具体工业推广应用项目为例，介绍了平面形状控制技术的工业实践情况：介绍了具体生产线的工艺布置、设备参数、产品大纲、机械液压和自动化系统情况以及针对平面形状控制功能的投入在液压系统及自动化系统各方面进行的改造。

（6）在该条轧机生产线稳定应用平面形状控制技术，获得了较好的应用效果，综合成材率提高到 93.8% 以上，与平面形状控制技术应用前相比，提高成材率超过 1%。

通过上述平面形状控制技术的推广应用工作，切实提高了中厚板成材率，为企业创造了效益，提高了企业的竞争力。针对目前国内钢铁形势，希望在更多的中厚板企业推广应用该技术，为我国的中厚板生产技术进步做出贡献。

参 考 文 献

[1] 刘立忠. 中厚钢板轧制中平面形状控制的研究[D]. 沈阳：东北大学，2002.

[2] 矫志杰. 中厚板轧机过程控制系统的开发和应用研究[D]. 沈阳：东北大学，2004.

[3] 胡贤磊. 中厚板轧制过程控制模型的研究[D]. 沈阳：东北大学，2003.

[4] 刘慧. 中厚板平面形状控制的实验与数值模拟研究[D]. 沈阳：东北大学，2005.

[5] 杜平. 纵向变厚度扁平材轧制理论与控制策略研究[D]. 沈阳：东北大学，2008.

[6] 沙孝春. 中厚钢板轧制中平面形状控制的研究[D]. 沈阳：东北大学，1996.

[7] 张延华. 中厚钢板平面形状数学及其控制的研究[D]. 沈阳：东北大学，1998.

[8] 邱红雷. 中厚板轧制过程机数学模型的研究与应用[D]. 沈阳：东北大学，2003.

[9] 赵忠. 中厚板轧机过程模型的在线应用[D]. 沈阳：东北大学，2004.

[10] 王廷溥，齐克敏. 金属塑性加工学-轧制理论与实践[M]. 2 版. 北京：冶金工业出版社，2004.

[11] 日本钢铁协会. 板带轧制理论与实践[M]. 王国栋，吴国良，译. 北京：中国铁道出版社，1990：107～108.

[12] 侯锦，张树堂. 提高中厚板成材率的平面形状控制技术[J]. 钢铁，1984，19(12)：40～47.

[13] 丁修堃，于九明，张延华，等. 中厚板平面形状数学模型的建立[J]. 钢铁，1998，33(2)：33～37.

[14] 丁修堃，马博，王贞祥. 中厚板平面形状控制中的 GM-AGC 系统[J]. 东北大学学报（自然科学版），1998，19(1)：8～10.

[15] 张殿华，王君，李建平，等. 中厚板平面形状计算机控制系统[J]. 钢铁，2000，35(5)：40～43.

[16] 丁修堃，于九明，李建平，等. 中厚板平面形状变形规律及其测定的研究[J]. 轧钢，1998，15(4)：3～6.

[17] 李连诗. 我国轧钢成材率的分析[J]. 钢铁，1988，23(8)：21～26.

[18] 罗先德. 简述我国中厚板成材率现状与进步[J]. 轧钢，1999，16(1)：42～44.

[19] 贺达伦，王国栋，刘相华. 国外厚板厂获取高成材率采用的新技术[J]. 轧钢，2001，18(1)：38～41.

[20] 郝付国，白埃民，张进之. 提高中厚板成材率的重要途径[J]. 钢铁，1997，32(12)：38～40.

[21] 韩晰宇. 优化坯料结构提高中板成材率[C]//中厚板年会论文集（济南），2000：282～286.

[22] 党军. 提高中厚板成材率的低成本战略[C]//中厚板年会论文集（济南），2002：287～292.

[23] 魏天胜. 中厚板原料尺寸设计方法的探讨[J]. 鞍钢技术，1995(8)：11～15.

［24］平井信恒. 厚板圧延にぉけゐ步留り向上技術［J］. 鉄と鋼, 1981, 67(15): 2270~2284.

［25］和田凡平, 古川裕之. 厚板圧延にぉけゐ平面形状・板厚制御技術［J］. 住友金属, 1998, 50(1): 81~86.

［26］佐藤準治, 大池美雄, 郡田和彦, ほか. 板圧延にぉけゐキャソバ—制御方法の基礎的検討［C］//昭和61年度塑性加工春季講演會, 1986: 251~254.

［27］大森和郎, 井上正敏, 三宅孝則, ほか. 厚板圧延にぉけゐキャソバ—制御技術の開発［J］. 鉄と鋼, 1986, 72(16): 2248~2255.

［28］小俣一夫, 塚本英夫, 那波泰行, ほか. 厚板圧延にぉけゐ最適寸法制御技術［J］. 鉄と鋼, 1981, 67(15): 2443~2451.

［29］井上正敏, 西田俊一, 大森和郎, ほか. 厚板圧延にぉけゐトリミンゲフリ厚鋼板製造技術の確立［J］. 川崎製鉄技報, 1983, 3(20): 7~12.

［30］瀬川佑二郎, 坪田一哉, 井上正敏, ほか. 厚板圧延にぉけゐ板クラウン板形状制御システム［J］. 塑性と加工, 1979, 20(217): 119~126.

［31］平井信恒, 吉原正典, 坪田一哉, ほか. 厚板圧延にぉけゐ平面形状制御方法について［J］. 鉄と鋼, 1980, 66(8): A157~A160.

［32］平井信恒, 吉原正典, 關根稔弘, ほか. 厚板圧延にぉけゐ平面形状制御方法［J］. 鉄と鋼, 1981, 67(15): 2419~2425.

［33］渡辺秀規, 高橋祥之, 塚原戴司, ほか. 厚板圧延にぉけゐ新平面形状制御法の開発［J］. 鉄と鋼, 1981, 67(15): 2412~2418.

［34］笹治峻, 久津輪浩一, 堀部晃, ほか. エッジャ法にょゐ厚板高步留り圧延法の開発［J］. 鉄と鋼, 1981, 67(15): 2395~2404.

［35］西崎允, 小久保一郎, 早川初男, ほか. エッジャ圧延にょゐ厚板の步留り向上［J］. 鉄と鋼, 1981, 67(15): 2405~2411.

［36］大池美雄, 川谷洋司, 小久保一郎. 潤滑にょゐ先後端平面形状の制御［J］. 鉄と鋼, 1981, 67(12): S1027.

［37］加藤和典. エネルギ法にょゐ圧延の解析［J］. 塑性と加工, 1986, 27(300): 97~104.

［38］今田紘, 早川初男, ほか. 厚板採寸装置の開発［J］. 鉄と鋼, 1983: 5477.

［39］菊川裕幸, 坪田一哉, ほか. 合成写真法にょゐ厚板圧延過程の観察［J］. 鉄と鋼, 1977, 63(15): 216~225.

［40］萩原康彦, 久保多貞夫, 八柳博, ほか. 厚板平面形状認識装置と最適スラブ設計解析ッステム［J］. 鉄と鋼, 1981, 67(15): 2426~2432.

［41］Takashi Asamura. Evolution of steel rolling technology［C］// Kiuchi M. Proceedings of the 7th International Conference on Steel Rolling (STEEL ROLLING'98). Chiba: The Iron and Steel

Institute of Japan, 1998: 3 ~ 8.

[42] Bman Attwood, Ronald E Miner. Competitive material threats and opportunities[C]// Kiuchi M. Proceedings of the 7th International Conference on Steel Rolling (STEEL ROLLING'98). Chiba: The Iron and Steel Institute of Japan, 1998: 9 ~ 20.

[43] 林滋泉. 我国轧钢生产技术的进步和展望[C]// 第七届轧钢年会论文集（本溪），2002: 1 ~ 8.

[44] Furukawa H, Ueda I, Otake K, et al. Optimal plan view pattern control with hydraulic edger in plate rolling[C]// Kiuchi M. Proceedings of the 7th International Conference on Steel Rolling (STEEL ROLLING'98). Chiba: The Iron and Steel Institute of Japan, 1998: 583 ~ 588.

[45] 程晓茹，胡衍生，李虎兴，葛懋奇，等. 中厚板平面形状控制的立轧参数神经网络识别[J]. 武汉科技大学学报（自然科学版），2000，23(3): 236 ~ 239.

[46] 帅习元，葛懋奇，程晓茹，胡衍生，等. 中厚板轧制平面形状模糊控制[J]. 武钢科技，2000，38(3): 9 ~ 11，41.

[47] 杨韶丽，陈连生，刘战英. 中厚板端部变形的计算模型[J]. 钢铁研究，2003(1): 24 ~ 25，40.

[48] 于九明，丁修堃，李永波. 平立辊协调轧制控制厚板平面形状的试验研究[J]. 鞍钢技术，1999(3): 40 ~ 43.

[49] 李春福，孟祥利. 利用平面形状板形控制提高厚板的成材率[J]. 鞍山钢铁学院学报，1998，21(6): 17 ~ 19.

[50] 孙本荣，王有铭，陈瑛. 中厚钢板生产[M]. 北京：冶金工业出版社，1993.

RAL · NEU 研究报告

(截至 2015 年)

(2016 年待续)